Heinz-Herbert Cohrs

Die etwas anderen BAGGER

Kontinuierlich arbeitende Abbau- und Lademaschinen

Verlag Podszun Motorbücher GmbH
Elisabethstraße 23-25, D-59929 Brilon
eMail: info@podszun-verlag.de
Internet: www.podszun-verlag.de
Herstellung Druckhaus Cramer, Greven
ISBN 3-86133-358-9

Heinz-Herbert Cohrs

Die etwas anderen BAGGER

Kontinuierlich arbeitende Abbau- und Lademaschinen

PODSZUN

Inhalt

Einleitung

Wenn Erde, Fels und Abraum in Strömen fließen…

Wenn Erde, Fels und Abraum in Strömen fließen, wird zweifellos kontinuierlich gefördert. Diese etwas hochtrabend klingenden Worte (die leider durch keinen griffigen deutschen Kurzbegriff zu ersetzen sind) bezeichnen die „Königsmethode" im Erd-, Tief- und Tagebau. Denn bei der kontinuierlichen Förderung gibt es keine unproduktiven Leerphasen, beispielsweise nicht das „leere" Zurückschwenken des Baggers oder das „leere" Zurückfahren von Radladern vor dem Beginn eines neuen Ladespiels.

„Wo die Verhältnisse günstig liegen, gibt es kein Ladegerät, das leistungsfähiger und wirtschaftlicher arbeitet." Dieses Zitat stammt aus einem deutschen Fachbuch der späten fünfziger Jahre, und gemeint ist damit ein Euclid-Pfluglader. Tatsächlich gibt es bis heute keine Bau- und Lademaschinen vergleichbarer Größe, die auch nur annähernd so viel Material pro Sekunde, Minute und Stunde fördern können.

Erfahren wir im Kapitel über Pfluglader mehr über die Entstehungsgeschichte der legendären Holland Loader, wird deutlich, in welch hohem Maße Pfluglader allen anderen Baumaschinen und Verfahren überlegen sind. Und daß „neue Besen" nicht immer „gut kehren", sondern sogar die doppelten Betriebskosten wie Altbewährtes verschlingen können…

Obwohl die kontinuierliche Förderung eine ideale Methode ist, kann sie jedoch keineswegs leicht verwirklicht werden, und deshalb sind derartige Maschinen mehr als selten. Die bekanntesten kontinuierlich arbeitenden Fördergeräte sind Schaufelradbagger, früher waren es auch Eimerkettenbagger, die jedoch heute fast nur noch als Schwimmbagger tätig sind.

Doch es gibt (und gab) auch eine ganze Reihe anderer, meist wesentlich kleinerer Maschinen, die auf recht unterschiedliche Weise Erde, Fels und Abraum aller Art kontinuierlich abtragen und weiterfördern. Verwendet wurden und werden dazu Fräswalzen, Schneidköpfe, Schaufelräder, Trommelräder, Schneckenförderer, Horinzontal- oder Vertikalschneiden, Becherwerke, Drehflügelräder und andere ausgeklügelte Vorrichtungen.

Vielversprechend sind auch die Lösungen, das kontinuierliche Verladen mit diskontinuierlich arbeitenden Bagger- und Fördereinrichtungen zu kombinieren. Bei solchen Maschinen „scharrt" ein Baggerausleger oder ein ähnliches Werkzeug das Material in einen Bunker oder direkt auf das weiterführende Förderband. Immerhin werden dann unter das Band fahrende Lkw oder Muldenkipper kontinuierlich beladen, also ohne unnötige Wartezeiten, die durch das Zurückschwenken eines Baggers oder Rangieren eines Radladers ansonsten unvermeidbar sind.

Kontinuierlich klappt's besser

Welche Vorteile sind denn von derartigen Maschinen zu erwarten? Eine Menge, viel mehr, als auf den ersten Blick zu vermuten wären. Der gravierendste Vorteil ist, daß diese Maschinen immer arbeiten, abgesehen von Wende- und Servicezeiten. Sie kennen keine unproduktiven Phasen für das „Zurückbringen" von Schaufel oder Löffel. Das „leere" Zurückschwenken des Baggers entfällt demnach ebenso wie das „nutzlose" Zurückfahren des Radladers vor Beginn jedes neuen Ladespiels.

Wie ein futuristischer Bagger aus einem Science-Fiction-Film wirkt der beeindruckende Surface Miner 4200 SM von Wirtgen. 191 t Maschinengewicht bewegen sich mit der Kraft von 1623 PS Motorleistung unaufhaltsam vorwärts – und lassen das auf 4,2 m Breite abgetragene Material im nicht abreißenden Strom über das Förderband fließen. Trotz Höchstleistungen gibt es für diese Art der „Bagger" nicht mal einen passenden deutschen Namen!

Wo Erde wie ein Wasserfall in Mulden „rauscht", werden gewaltige Leistungen geboten: Der amerikanische Holland Loader H 2 Model 700, ein Pfluglader mit waagerechter Schneide, wird hier von je einer Caterpillar D9G gezogen und geschoben. Die erzielten stündlichen Förderleistungen von bis zu 5500 m³ (fest) lassen vergleichbar große Bagger oder Radlader vor Neid erblassen. Mehr als 4 t Erde „strömen" pro Sekunde (!) in den 100 US-tons tragenden Bodenentleerer-Sattelzug B 100 von Euclid!

Ideale Bedingungen für die kontinuierliche Förderung: Der stetige Erdstrom eines Schaufelradbaggers von Weserhütte wird durch nichts unterbrochen und landet direkt im Aufnahmebunker eines Bandwagens. Bei den Kanalbauarbeiten schüttete der auf Raupen fahrende, 190 t wiegende Weserhütte-Bandwagen einen parallel verlaufenden Deich auf. Stündlich wurden so 750 m³ (fest) gebaggert und aufgeschüttet

Unten: Ein etwas anderer Bagger: Bei langsamer Vorwärtsfahrt fräst ein 176 t schwerer, 1623 PS starker Surface Miner 3700 SM von Wirtgen kontinuierlich härtestes Material ab und wirft die zerkleinerten Massen in ununterbrochenem Strom mit dem Förderband ab. Außer beim Wenden gibt es keinerlei unproduktive Arbeitsphasen!

Eines der neuesten kontinuierlich arbeitenden Monstren ist der Surface Miner 3000 SM des amerikanischen Herstellers Trencor. Die hydraulische Höhenverstellung der vier Raupenfahrwerke kann einzeln automatisch per GPS, also satellitengestützt, erfolgen, um spezielle Schnittprofile anzulegen. Der 13,4 m lange und 4,3 m breite 3000 SM bringt fast 140 t auf die Waage

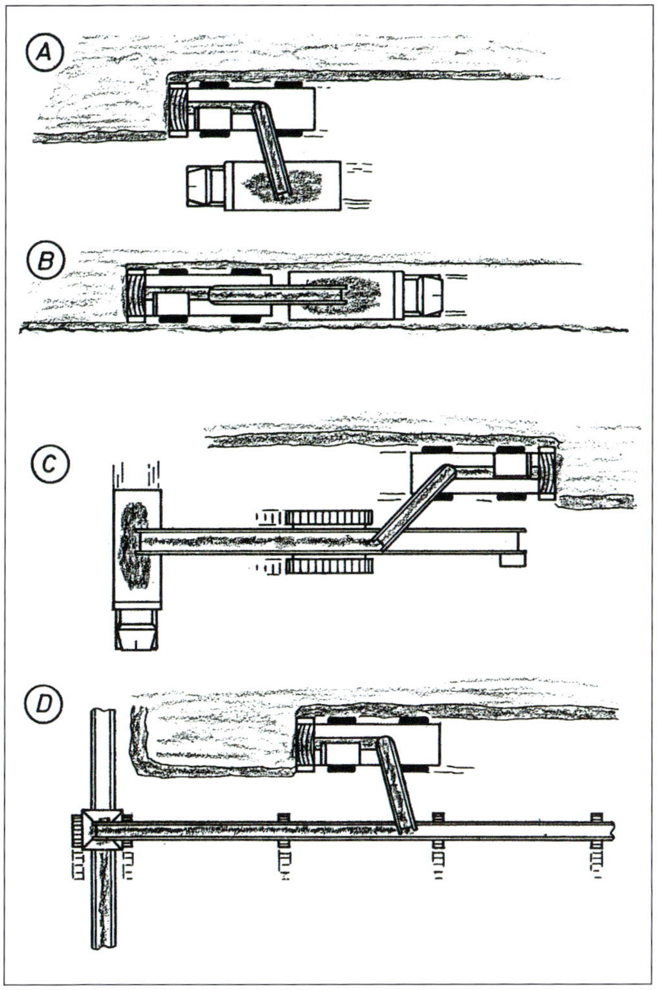

Rechts: Für kontinuierlich arbeitende Förder- und Lademaschinen gibt es verschiedene Betriebsmöglichkeiten: A: Beladen langsam mitfahrender Lkw oder Muldenfahrzeuge; B: Beladen rückwärts nachfolgender oder einrangierter Lkw oder Muldenfahrzeuge; C: Beladen stehender Lkw oder Muldenfahrzeuge mittels zwischengeschaltetem Bandwagen; D: Beschickung einer Bandanlage über ein nachrückendes, raupen- oder radmobiles Förderbandsegment Zeichnung: Verfasser

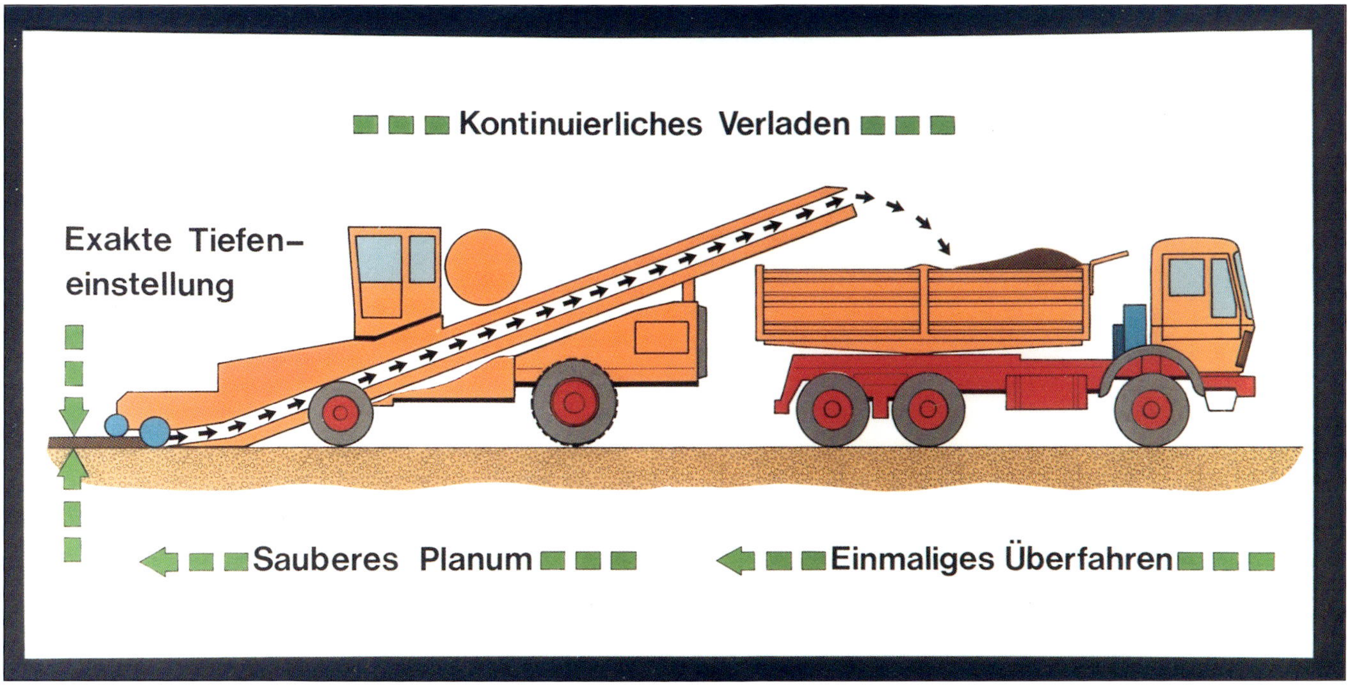

Praktisch ist das kontinuierliche Arbeiten schon, hier dargestellt an einem amerikanischen Athey Force-Feed-Loader 7-12, der in den achtziger Jahren auch auf dem deutschen Markt angeboten wurde. Etwas schwierig gestaltet sich mit dieser Maschine – hier beim Anlegen eines Feinplanums – nur die Koordination mit dem zu beladenden Lkw, doch davon mehr im vorletzten Kapitel über die Schwachstellen

Oben: Der US-Hersteller CMI modifizierte in den frühen siebziger Jahren Kaltfräsen zum Abtragen von Straßenbelägen für den Gewinnungseinsatz. Zwischen der vorderen und den beiden hinteren Raupenketten befand sich eine mit Meißeln bestückte Fräswalze mit 0,76 m Durchmesser. Hier fräste ein CMI TR-375M bei Decker Coal in Montana das von einem Schreitbagger freigelegte Steinkohleflöz auf. Dies war der Vorläufer der späteren „Surface Miner" auf Fräsenbasis

Links: In den siebziger Jahren, als die Maschinenkonzepte noch nicht so feststanden wie heute und nach neuen Ideen gesucht wurde, erschien die kontinuierliche Förderung noch außerordentlich interessant. Deshalb konzipierte das amerikanische US Bureau of Mines gemeinsam mit Lee-Norse sogar gänzlich andere Tagebau-Abbaumethoden mittels Vertikal-Pfluglader (links) und Fräswalzenlader (rechts). Doch leider wurden nicht einmal Prototypen gebaut

Das bei den meisten dieser Maschinen vorhandene kombinierte Schneid- und Grabwerkzeug in Form einer Fräs- oder Schrämwalze oder eines Schaufelrades baut das Material in beliebigen Höhen von wenigen Zentimetern bis hin zu 10 m und in Breiten von mehreren Metern kontinuierlich ab. Bestens eignen sich harte Materialien wie Steinkohle, Sandstein, Schiefer, Gips, aber auch Braunkohle, mergelartige Zwischenschichten oder auch einfach Erdreich. Das abgetragene Material wird über integrierte Förderbänder an mitfahrende Lkw oder Muldenkipper oder an rückbare Bandstraßen übergeben.

Diese Arbeitsweise bringt weitere beachtliche Vorteile: Das Material muß nicht zur Auflockerung gesprengt werden, wodurch auch der Aufwand für das Bohren entfällt. Das vom kombinierten Schneid- und Grabwerkzeug aufgenommene Material ist bereits zu relativ kleinen Korngrößen von 200 bis 300 mm vorgebrochen, was einen Primärbrecher erübrigt und beispielsweise bei der Rohstoffgewinnung die nachfolgende Aufbereitung vereinfacht.

Sogar die Durchsatzleistungen in der Kohlewäsche erhöhen sich bei Kohle, die von einem Surface Miner mit entsprechend feiner Körnung gewonnen wurde, um bis zu 80 Prozent. Die auf diese Weise gewonnene Kohle weist oft eine so hohe Reinheit auf, daß die Waschung der Kohle nicht mehr erforderlich ist. Dadurch können sich in einigen Fällen die Transportdistanzen verkürzen, da der selektiv geförderte Abraum meist nicht so weit zu transportieren ist wie der mit Abraum vermischte Rohstoff zur Aufbereitungsanlage. Die-

Ob auf Baustellen oder im Tagebau, das kontinuierliche Abfräsen und Verladen bietet allerlei wunderbare Vorteile, wie diese Graphik von Wirtgen anschaulich zeigen soll. Wichtig ist dabei auch das gleichmäßig zerkleinerte Gestein – dies erspart immerhin den Umweg des geförderten Materials durch den Brecher

Mergelabbau in den Niederlanden: Ein 48 t wiegender Surface Miner 2200 SM von Wirtgen trägt auf 2,2 m Breite kontinuierlich den Rohstoff ab. Dank 811 PS Antriebsleistung kann maximal 30 cm tief gefräst werden, so daß die Abtragsfläche 6600 cm² groß ist. Fast im Handumdrehen – nach weniger als 30 m Strecke – ist die Mulde des im Kriechtempo langsam vorausfahrenden Cat-Muldenkippers 769C mit 32 t Nutzlast gefüllt

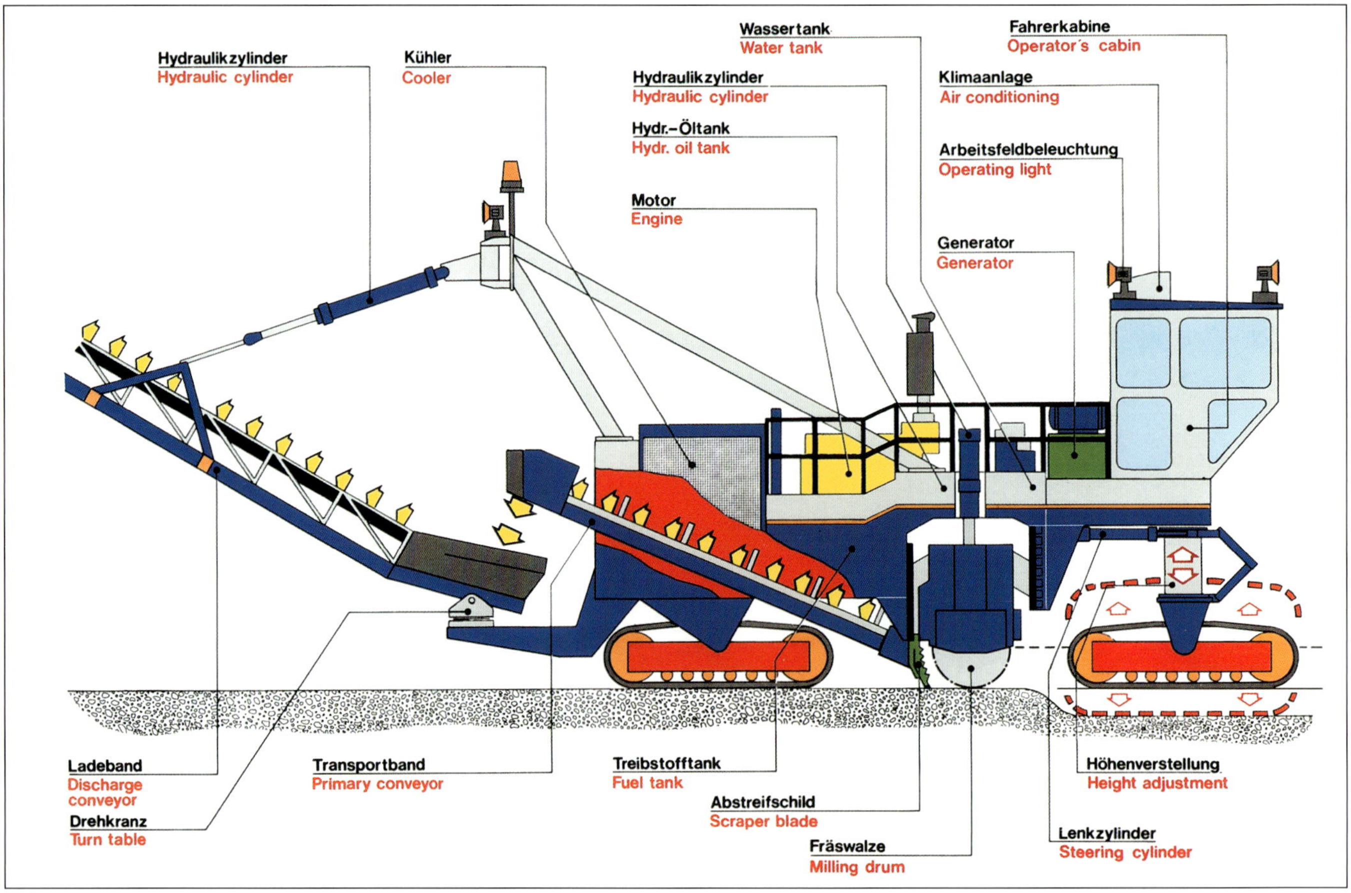

Zu einem der namhaftesten Hersteller kontinuierlich arbeitender Surface Miner entwickelte sich die deutsche Firma Wirtgen, besser bekannt für Kaltfräsen und Straßenbaumaschinen. Hier wird das Förder-, Zerkleinerungs- und Ladekonzept des 50 t schweren und von einem 761 PS starken Cat-Turbodiesel angetriebenen Surface Miner 3000 SM anschaulich dargestellt

ser eigentlich zweitrangige Vorteil kann über eine längere Betriebsdauer zu erheblichen Kosten- und Energieeinsparungen führen.

Das Entfallen von Bohr- und Sprengarbeiten sowie das genaue selektive, also schichtweise Abtragen verhindert unerwünschte Vermengungen von Rohstoff und Abraum. Dadurch ist der Reinheitsgrad der mit einem Surface Miner präzise abgetragenen Kohle besser als bei Kohle, die mit einem Bagger oder Radlader abgebaut wurde. Dies wiederum steigert den Heizwert um bis zu 30 Prozent und führt zu einer entsprechenden Reduzierung des Aschegehaltes von bis zu 45 Prozent.

Neben der Qualitätsverbesserung kann auch die Kohleausbeute einer Lagerstätte erhöht werden, weil mit einem selektiv arbeitenden Surface Miner auch Flöze abzubauen sind, die früher bei der Gewinnung mit konventionellen Geräten zum Abraum gerechnet wurden. Das sonst nach Sprengungen durcheinandergebrachte Material (Rohstoff und Abraum) kann vom Surface Miner säuberlich voneinander getrennt gewonnen werden; die nachfolgende chemische Freisetzung der Rohstoffe in speziellen Aufbereitungsanlagen erübrigt sich.

Die in den folgenden Kapiteln vorgestellten Maschinen lösen, brechen, fördern und laden das Material kontinuierlich – ohne jede Unterbrechung – in nur einem Arbeitsgang, was als unbestreitbarer wirtschaftlicher Vorteil gelten darf. Aber – die Maschinen beladen meist langsam mitfahrende Lkw, Muldenkipper oder Bodenentleerer, und gerade an diesem Schnittpunkt Fördermaschine - Transportfahrzeug kann es zu Problemen kommen. Wir sehen uns die möglichen Hürden und Schwierigkeiten im vorletzten Kapitel genauer an.

Ungeachtet aller eventuellen Schwachstellen bleibt die kontinuierliche Förderung faszinierend. Und gerade deshalb bemühen sich weltweit seit rund einem Jahrhundert zahlreiche verschiedene Hersteller, hierfür geeignete Maschinenkonzepte zu entwickeln. Mit dabei sind oder waren große Namen wie Caterpillar, Demag, Euclid, Krupp, LeTourneau-Westinghouse, Liebherr, MAN, Orenstein & Koppel, Wabco, Weserhütte und Wirtgen, aber auch kaum bekannte oder längst vergessene wie Anderson Mavor, Bleichert, Huron, Schade oder Trautmann.

Die kontinuierliche Förderung und das nachfolgende Verladen ist – abgesehen von Schaufelradbaggern – ein weitgehend unbekanntes Gebiet der Baumaschinen-, Lade- und Fördertechnik und blieb bis heute ein Experimentierfeld für Konstrukteure. Der stetige, nie unterbrochene Strom von Erde oder Gestein hinter einer Maschine – ein schwer zu verwirklichender Traum!

Begriffsverwirrung und Sprachhürden

Keine der in unserem Buch präsentierten Maschinen erlangte auch nur annähernd die Verbreitung wie viele Seil- oder Hydraulikbagger, Radlader, Planierraupen oder Muldenkipper. Viele kontinuierlich arbeitende Erdbau- und Fördermaschinen kamen sogar nie auf deutsche Baustellen, so daß nur wenige Fachleute um ihre Existenz wußten. Das führte zu allerlei umständlichen Wortgebilden, die als Bezeichnungen herhalten mußten.

Standardbegriffe wie Radlader oder Seilbagger gab und gibt es bei all diesen Maschinen nicht – dazu sind sie zu außergewöhnlich, dazu sind ihre Technik und Fördermethoden zu unterschiedlich. So werden wir Becherwerksladern, Bandladern, Pflugladern und Selbstlade-Straßenhobeln begegnen, aber auch Trommelbaggern, Teilschnittmaschinen, fräsenden Gewinnungsmaschinen, Oberflächenfräsen, kontinuierlich arbeitenden Fördergeräten, Schrämwalzenladern, selektiv arbeitenden Tagebau-Abbaugeräten und anderen für den Laien kaum verständlichen Wortungetümen.

Beliebt ist seit einigen Jahren der Begriff „Surface Miner", zwei englische Worte, deren Verbreitung ausgerechnet von Deutschland ausging! Der Begriff „Surface Miner" bildete sich in den siebziger Jahren und ist frei mit „Tagebau-Arbeiter", wörtlich hingegen nur mit „Oberflächen-Arbeiter" zu übersetzen – wobei die Unzulänglichkeit dieser Bezeichnung deutlich wird.

Mit „surface mine" wird im amerikanischen Sprachgebrauch ein großer Tagebau bezeichnet, meist ein Kohletagebau. Steinkohletagebaue heißen hingegen „strip mine", Erztagebaue „open pit mine", und in englischer (nicht amerikanischer) Sprache heißt ein Tagebau „open cast mine". Was also ist ein „Surface Miner"?

Als „Surface Miner" wird inzwischen eine kontinuierlich arbeitende Maschine bezeichnet, die den Boden oder Rohstoff mit einem Schaufelrad, Trommelrad, Fräskopf oder einer Fräswalze abträgt und über ein Förderband abtransportiert – sei es auf Lkw, Muldenkipper, Bandwagen oder weiterführende Förderbänder. Wir alle kennen ähnliche Maschinen als Kaltfräsen (oft auch Straßenfräsen genannt), die alte, schadhafte Asphaltbeläge abtragen und in Lkw fördern.

Die Vorteile des kontinuierlichen Arbeitens und Baggerns werden auch anderswo gerne genutzt: Hier verlegt eine französische Marais-Grabenfräse ein Wasserrohr, wobei der gesamte Grabenaushub kontinuierlich auf vorfahrende Lkw verladen wird. Zum ebenfalls kontinuierlichen Einsanden und Verfüllen ist ein Anhänger an die Fräse gekuppelt

Dort, wo Lkw kontinuierlich mit Förderbändern beladen werden, reicht das Sperren einer Fahrspur. Kurzheckbagger, die auf ihrer Breite zur Lkw-Beladung um 180 Grad durchschwenken können, erübrigen sich. Im fernen Japan schneidet diese schwere Mastenbroek-Fräse einen Graben durch Asphaltdecke und Felsschichten

Die kontinuierliche Förderung ist verbreiteter als von vielen vermutet: Eine 13 t schwere Bankettfräse SBF 900 der deutschen Maschinenfabrik Gerhard Dücker belädt bei 2 km/h Arbeitstempo einen Lkw. Mit seitlicher Zusatz-Außenschnecke bietet die Fräse bis zu 2,1 m Arbeitsbreite. Der Lkw wird von der 232 PS starken Fräse durch eine Tastrolle geschoben, um die Koordination mit dem Lkw-Fahrer zu erleichtern

Die Vorderansicht der Bankettfräse SBF 900 von Dücker zeigt, wie das Material zunächst von den beiden hintereinander an hydraulisch betätigten Auslegern versetzt angeordneten Förderschnecken (links) zur Maschine hin gebracht und dann von der Hauptförderschnecke aufgenommen und mittels Frontladeband auf den vorausfahrenden Lkw geschüttet wird

Ob Bankettfräse, Surface Miner, Pfluglader oder Grabenfräse, die kontinuierliche Arbeitsweise all jener Maschinen ist durchaus ähnlich: Bei langsamer Vorwärtsfahrt wird mit verschiedenen Vorrichtungen Material abgetragen und über Förderbänder abgeworfen. Unproduktive Arbeitsphasen gibt es nur beim Anhalten oder Wenden

Aber dann paßt es nicht, wenn solche „Surface Miner", deren Bezeichnung zweifelsfrei mit dem Tagebau verbunden ist, auf Baustellen zum Einsatz gelangen. Obwohl der Begriff „Surface Miner" also auch unzureichend ist, hat er sich doch inzwischen international durchgesetzt – zumindest für einige dieser Maschinen und trotz der unveränderten Exotenrolle solcher „kontinuierlich fördernden Maschinen".

In unserem Buch werden die „Surface Miner" allerdings erst in den späteren Kapiteln auftauchen. Zuvor werden wir nämlich bei etlichen anderen Maschinenkonzepten wie beispielsweise Bandladern und Pfluglader haltmachen, für die die Bezeichnung „Surface Miner" völlig falsch wäre. Und in einer Zeit, in der englische Ausdrücke längst zum alltäglichen Sprachgebrauch gehören, scheuen wir uns auch nicht vor englischen Begriffen wie „Elevating Grader" und „Elevating Loader" – um

Der 30 t wiegende „Vanoliner" von Schaeff Terex basiert auf einer modifizierten Tunnelbaumaschine ITC 312. Bei der Gleissanierung schaufelt die dreiteilige Arbeitseinrichtung mit Schwenklöffel Schotter und anderes Material auf einen zum Heck führenden Bandförderer. Der Materialtransfer wird in der Gleisachse durchgeführt, um das Durchschwenken üblicher Raupenbagger zu vermeiden und so Parallelgleise nutzen zu können. Das Zwei-Wege-Schienenfahrwerk, am Raupenfahrwerk zu erkennen, ist demontierbar

Beim bemerkenswerten Häggloader aus Schweden, eigentlich für den Tunnel- und Stollenbau konzipiert, wird ein diskontinuierlich arbeitender Baggerausleger mit einem Förderband zum kontinuierlichen Verladen kombiniert. Der Häggloader ist in zwei Größen für Ladeleistungen von 4 m^3/min und 6 bis 9 m^3/min erhältlich. Dank Schnellwechsler ist der Reißlöffel gegen einen Hydraulikhammer auszutauschen, um Gestein zu lösen und zu zerkleinern

Die Entwicklungsgeschichte kontinuierlich arbeitender Fördergeräte ist längst nicht beendet: Eine interessante Entwicklung leitete Wirtgen mit dem 51 t schweren „Allrounder" 2200 SM ein: Bei Schneidtiefen bis 35 cm und Fräsbreiten bis 2,2 m ist es möglich, die Fräse dank des modularen Aufbaus sowohl für Arbeiten im Straßen- und Tunnelbau als auch bei der Rohstoff- und Mineralgewinnung zu nutzen

Oben: Aus den Vereinigten Staaten kommt ein neuer Trend: Gleich von mehreren Firmen wurden Surface Miner konstruiert, die das Material nicht mehr mit Förderbändern auf Fahrzeuge verladen, sondern nur mit großen Fräswalzen den Untergrund abtragen und ebnen wie dieser Tesmec TRS 1475 „Rock Hawg".
Die 750 PS starke Maschine fräst in einem Durchgang bis zu 4,1 m breit und immerhin 1,5 m tief (mehr dazu im letzten Kapitel)

die früher so akademisch klingenden Wortschlangen wie „selbstladender Förderband-Straßenhobel" zu vermeiden.

Übrigens, die Förderleistungen werden stets in m³/h angegeben. Dabei handelt es sich um Fest-Kubikmeter, also um „gewachsenen" Boden, nicht aber um geschüttetes Haufwerk. Solche Mengen werden dagegen in m³ (lose) angegeben und betreffen beispielsweise den Inhalt von Mulden, Baggerlöffeln oder Radladerschaufeln. Jeder Bauingenieur muß daher zwischen den schweren, kompakten m³ (fest) und den geschütteten, leichteren m³ (lose) unterscheiden, die sich von Bodenart zu Bodenart beachtlich unterscheiden.

Im folgenden Kapitel werden wir einen Blick auf die Geschichte der kontinuierlichen Förderung bei Baumaschinen werfen. Dabei werden wir erstaunt feststellen, daß diese Methode sehr viel älter ist als vermutet und keineswegs die heutige Außenseiterrolle verdient hat, denn: Aller Anfang war kontinuierlich!

Links: Der Traum von stetig, ohne Unterbrechung strömenden Massen: Manchmal zwingt das Bauverfahren fast „automatisch" dazu, kontinuierlich zu arbeiten.
Da die Grabenfräse von Mastenbroek den Graben kontinuierlich aushebt und ebenso das Plastikrohr verlegt, erfolgen das Einsanden und das Verfüllen vorzugsweise auch kontinuierlich

Geschichte

Aller Anfang war kontinuierlich

Ein Traum ist die kontinuierliche Förderung bis heute geblieben: Ein stetiger, nie unterbrochener Strom von Erde oder Gestein hinter einer Maschine! Wie langsam, schwerfällig und umständlich wirken dagegen die sich unentwegt hin und her bewegenden Baggeroberwagen oder mühsam rangierende Radlader...

Bagger und Radlader, die immerhin rund die Hälfte ihrer gesamten Arbeitszeit mit dem „leeren" Zurückschwenken oder -fahren unproduktiv verbringen, gesellten sich erst spät zu den kontinuierlich arbeitenden Baumaschinen. In diesem Zusammenhang ist es eigentlich unglaublich, daß gerade diese „faulen" Maschinen gegenüber den ununterbrochen fleißigen Fördermaschinen zum Standard wurden!

Umso selbstverständlicher erscheint es also, daß der gesamte maschinelle Erdbau mit der kontinuierlichen Förderung begann: Das erste Dampfschiff war 1804 ein schwimmender Eimerkettenbagger! Erbaut wurde es vom amerikanischen Mühlenbauer Oliver Evans für Arbeiten im Hafen von Philadelphia. Zuvor wurden die

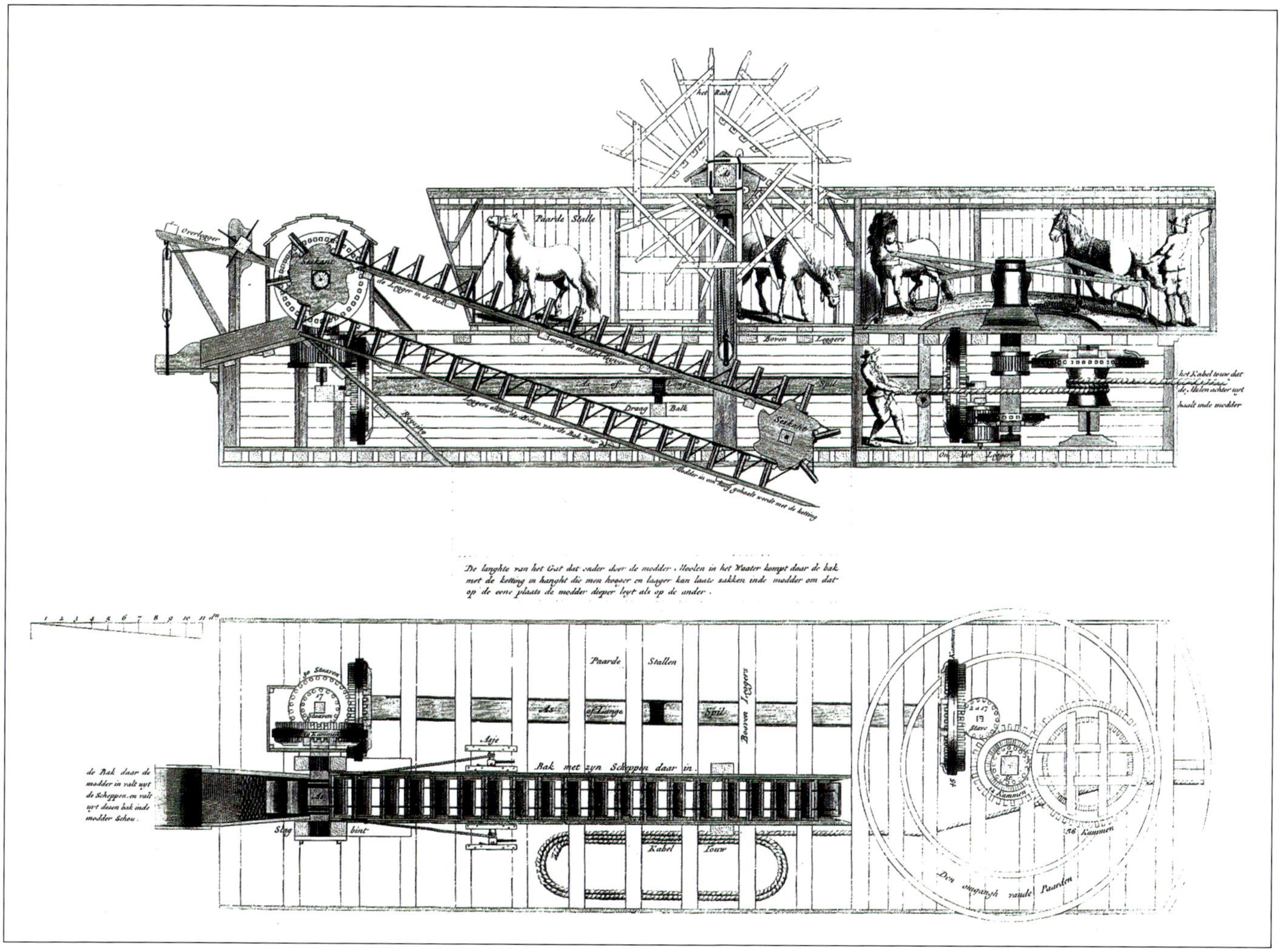

Die kontinuierliche Förderung ist bei weitem älter als die mit Löffel- oder Greifbaggern. Schon ab etwa 1500 wurden schwimmende Eimerkettenbagger zur Vertiefung von Flüssen, Häfen und Kanälen genutzt, hier eine Amsterdamer „Moddermoole" (Matsch-Mühle) von 1734 mit Pferdegöpelantrieb, der bereits in einem Schutzhaus untergebracht war. In der Draufsicht sehen wir das Zahnradgetriebe und die lange Antriebswelle zwischen Göpel und Eimerleiter

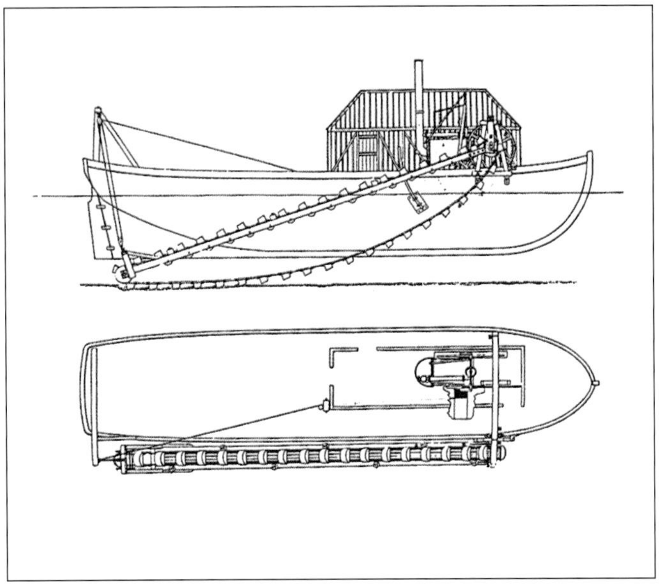

Der maschinelle Erdbau begann mit kontinuierlich arbeitenden Baggern! 1819 entwarf der englische Lokomotivenerfinder Richard Trevithick einen schwimmenden Eimerkettenbagger – dies war der dritte Dampfbagger der Welt. Der Bagger förderte den Schlick mit seiner Eimerkette in wartende Schuten

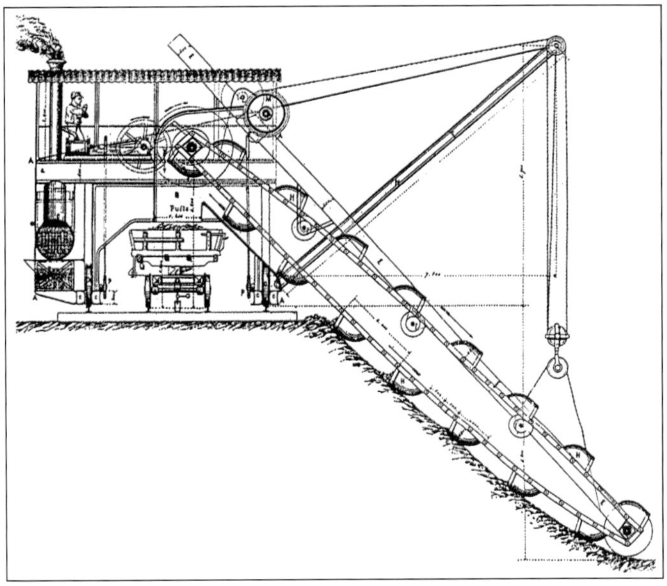

Die ersten auf dem Land arbeitenden „Trockenbagger" mit Dampfantrieb förderten ebenfalls kontinuierlich: Dieser schienengeführte Eimerkettenbagger des Franzosen Couvreux von 1882 konnte Waggons beladen, die durch ein Portal direkt unter den entleerenden Eimern entlangfuhren. Auch hier gab es keine unproduktiven Zeiten für das Schwenken

1902 galt die kontinuierliche Förderung noch als ideal, wurde doch nicht wie bei Löffelbaggern fast die Hälfte der Arbeitszeit mit dem Zurückschwenken vergeudet. Hersteller wie die Maschinenfabrik H. August Schmidt entwickelten deshalb kompakte, stetig fördernde Eimerkettenbagger für kleinere Erdbaustellen, hier sogar mit fortschrittlichem Elektroantrieb schwimmenden Eimerketten per Hand, von Menschen in Treträdern oder von Pferdegöpeln angetrieben.

Eimerkettenbagger begründeten den Erdbau

Die kontinuierliche Förderung mit Eimerketten bescherte uns sogar das Wort Bagger: Die in der niederländischen Sprache „Moddermoolen" (Modder- oder Matschmühlen) genannten Schwimmbagger gelangten schon im 18. Jahrhundert auch nach Deutschland. „Baggher hieß ursprünglich Bodenschlamm, und als „Baggern" wurde zu jener Zeit das Ausräumen eines Hafens bezeichnet. Daraus bildete sich über die Jahrhunderte der bis heute allgemein übliche Begriff Bagger.

Auch der berühmte englische Lokomotivenerfinder Richard Trevithick konstruierte bereits 1819 einen schwimmenden Eimerkettenbagger – den dritten bekannten Dampfbagger überhaupt. Wegen des

Außerordentlich große Verbreitung erlangten Eimerketten-Trockenbagger im Erd- und Tiefbau sowie im Tagebau in den ersten drei Jahrzehnten des 20. Jahrhunderts. Dieser kompakte dampfgetriebene Typ 15a für Hochbaggerung belud für den Bau einer Bahntrasse in Brasilien Kipploren

Kontinuierlich fördernde Eimerkettenbagger werden bis heute zur Ausbaggerung und Vertiefung von Flüssen, Kanälen und Häfen verwendet. Schon um 1880 entwickelte sich eine Standardbauweise, der auch dieser in Lübeck gebaute LMG-Dampfbagger aus dem Jahre 1913 folgte. Bei dem kleinen, recht einfach ausgeführten Bagger konnte die Neigung (und damit Fördertiefe) der Eimerleiter nicht verstellt werden

Schon 1866 wurde vom US-Hersteller Austin der erste Elevating Grader patentiert. Die von Pferden zu ziehende Maschine (Raupenschlepper oder Traktoren gab es noch nicht!) hieß „New Era" und war von Anfang an bestens konstruiert. Tausende „New Era" Elevating Graders wurden in alle Winkel der Welt verkauft. Das Förderband wurde durch die Hinterräder angetrieben

Frühes Patent für einen Elevating Grader aus dem Jahre 1910 von Sevison und Moak: Die Maschine wurde nicht mehr von Pferden gezogen, sondern von einem Dampf-Lokomobil (Raupenschlepper steckten noch in den Kinderschuhen). Der Antrieb des Förderbandes erfolgte über Riementrieb durch das Lokomobil. Der Fahrer stand am Heck des Elevating Grader und lenkte auch das Lokomobil, während direkt neben dem Riementrieb der Heizer für den nötigen Kesseldruck sorgte

Heckansicht des patentierten Elevating Grader von Sevison und Moak. Einen außerordentlich komplexen Eindruck macht die kettenbetätigte Lenkfunktion der beiden Hinterräder, die sich zusammen mit der Lenk-Vorderachse des ziehenden Lokomobils bewegten. Die Hinterradlenkung sollte die Wendekreise des Elevating Graders am Ende jeder Schürfbahn deutlich verkleinern, um zeitraubende Rangiermanöver zu erübrigen

Einer der ersten Hersteller der Elevating Grader war um die vorletzte Jahrhundertwende die amerikanische Firma T. F. Stroud & Co. aus Omaha in Nebraska. Ungeachtet der Handräder und des Förderbandes kann „Stroud's Elevating Grader" seine Ähnlichkeit mit einer Pferdekutsche nicht leugnen. Die Stroud-Konstruktionen bildeten später die Basis für die berühmten Elevating Grader von Adams

Erfolges mit dem maschinengetriebenen Bagger wurde Trevithick 1828 sogar in die Niederlande eingeladen, um Vorschläge zu unterbreiten, wie die „Moddermoolen" mit Dampfkraft auszurüsten seien. Ab 1827 verließen die ersten Eimerkettenbagger das nasse Elemement und erlangten als dampfgetriebene „Trockenbagger" eine gewissse Verbreitung.

Schnell wurden Eimerkettenbagger zum Standardgerät bei großen Erdbauprojekten und Aushubarbeiten. Sie waren die Begründer des maschinellen Erdbaues, denn bis etwa 1910 blieben Bagger mit Greifer oder Hochlöffel eine seltene Ausnahme (und Tieflöffelbagger gab es noch nicht).

Der in vielen Ländern der Welt im großen Umfang beginnende Bau von Bahntrassen verlangte leistungsfähige Bagger. Der dank der Eisenbahnen vereinfachte Landtransport und der somit stark zunehmende Handel erforderten zudem etliche Hafen- und Kanalausbauten, boten also auch reichlich Arbeit für die gerade entstehende „mechanische Erdbewegung".

Der immense Vorteil der kontinuierlichen Förderung zeigte sich damals deutlich. Wenn bei den quietschenden, dampfenden Eimerkettenbaggern nicht gerade die Gleise verschoben wurden, arbeiteten sie stetig, während bei den frühen Dampfbaggern das Zurückschwenken der Hochlöffel oder Greifer bei jedem Ladespiel unvermeidliche Leerzeiten verursachte. Dies ließ die Förderleistungen der diskontinuierlich arbeitenden Bagger grundsätzlich geringer sein als bei kontinuierlich fördernden Baggern vergleichbarer Größe.

Seltenes Foto eines sehr frühen Elevating Grader von 1907 in Wisconsin: „Cape's Street Grading Machine" wurde hinter ein 32 PS starkes Case-Lokomobil (Dampfzugmaschine) gespannt und belud jeweils von zwei Pferden gezogene Gespanne. Wegen der damals nötigen langen Belichtungszeiten wurde mit der Arbeit innegehalten und samt Passanten (ganz links und rechts) für das Foto posiert

Moderne Zeiten bringen Farbe in den grauen Arbeitsalltag der Elevating Grader: Beim Treffen der Baumaschinen-Oldies der amerikanischen HCEA (Historical Construction Equipment Association) wurde 2003 ein wunderschön restaurierter Russell Elevating Grader „Township A" von 1917 gezeigt, gezogen von einem 22 PS starken Advance-Dampfschlepper aus dem Jahre 1906 Bild: Vince Frantz, HCEA

Wesentliche Richtungsänderungen erhielt der Baggerbau jedoch durch zwei unterschiedliche Impulse: In Frankreich konstruierte Eimerkettenbagger versagten um die Jahrhundertwende beim Bau des Panama-Kanals aufgrund der schwierigen Bodenbedingungen kläglich, stattdessen erzielten diskontinuierlich fördernde Hochlöffel-Dampfbagger der US-Hersteller Bucyrus und Marion Erfolge, die weltweit große Beachtung fanden. Dies brachte der Technik der Löffelbagger unabschätzbare Pluspunkte.

Als zweiter wichtiger Impuls darf die Entwicklung der Schaufelradbagger gelten, die im frühen 20. Jahrhundert begann und ab den dreißiger Jahren ebenfalls bemerkenswerte Erfolge verzeichnen konnte. Das Baggerdisaster beim Panama-Kanal und die Förderleistungen der Schaufelradbagger drängten Eimerkettenbagger in Nischen für Spezialeinsätze ab.

Außerdem wurde das Hauptaugenmerk bei der Weiterentwicklung auf die Steigerung der Förderleistung gerichtet, und das war gleichbedeutend mit einer Vergrößerung der Maschinen. Auf diese Weise stellten kontinuierlich arbeitende Eimerketten- und Schaufelradbagger immer wieder Größenrekorde auf – bis hin zu den rund 13 000 t wiegenden Baggergiganten im deutschen Braunkohletagebau.

Die Weiterentwicklung und Vervollkommnung kleinerer kontinuierlich arbeitender Bagger- und Fördermaschinen geriet dabei nur allzu sehr ins Hintertreffen, besonders angesichts der ab der fünfziger Jahre vehement zunehmenden Konkurrenz der in Massen produzierten Bagger und Radlader.

Legendärer Urahn: Der Elevating Grader

Auch in anderer Hinsicht ist der Gedanke, Material kontinuierlich abzutragen und zu verladen, schon recht alt. Neben den Eimerkettenbaggern gab es eine andere Methode, bei der die kontinuierliche Förderung allerdings während der Eigenbewegung der Maschine vorgenommen wurde. Genau dies ist das Basiskonzept der amerikanischen Elevating Grader.

Weil solche Maschinen nur selten in Deutschland auftauchten und auch nur von einem heimischen Hersteller gebaut wurden, gab es nie eine griffige Übersetzung. Deshalb bleiben wir beim einigermaßen vertrauten Begriff Elevating Grader.

Derartige Maschinen gelangten bis in die sechziger Jahre besonders in den Vereinigten Staaten beim Wege- und Straßenbau zum Einsatz. Während langsamer Fahrt förderten sie Erdmassen über Abwurfbänder in seitlich mitfahrende Pferdefuhrwerke, Lkw oder Muldenfahrzeuge.

Schon Ende des 19. Jahrhunderts machten sich Konstrukteure Gedanken, wie die Eigenbewegung des Graders genutzt werden kann, um die mit der Schar abgehobelte Erde auch gleichzeitig verladen zu können. Die erste derartige Maschine, ein Elevating Grader namens „New Era" wurde 1866 vom amerikanischen Hersteller Austin (später mit Western zu Austin-Western vereint) präsentiert. Während langsamer Fahrt förderte er Erde über Abwurfbänder in seitlich mitfahrende Pferdefuhrwerke.

In Firmenschriften berichtete Austin zu Beginn der dreißiger Jahre, daß sich inzwischen Tausende jener Elevating Grader in allen Teilen der Welt erfolgreich im Einsatz befanden. Dies mag ein Beweis dafür sein, wie populär die kontinuierliche Förderung in der ersten Hälfte des 20. Jahrhunderts gewesen ist.

Ein interessantes Patent meldeten 1910 die beiden Amerikaner Sevison und Moak für einen dampfgetriebenen, aber leider ziemlich kompliziert erscheinenden Elevating Grader an. Die Fördereinrichtung wurde direkt neben dem Heizer und Fahrer durch die damals üblichen Transmissionsriemen angetrieben.

Elevating Grader wurden anfänglich von Pferden gezogen, dann von rund 50 bis 100 PS starken Raupenschleppern. Erst als sich Grader von Anhängern zu selbstfahrenden Erdbaumaschinen wandelten, erhielten die meist dreiachsigen Grader als Sonderzubehör spezielle Elevator-Einrichtungen zur kontinuierlichen Förderung.

Zunächst wurden die Förderbänder der angehängten Elevating Grader von der Zapfwelle des ziehenden Raupenschleppers angetrieben, später erhielten sie einen meist ungefähr über der Hinterachse

Schon im zweiten Jahrzehnt des 20. Jahrhunderts erlangten kontinuierlich arbeitende Elevating Grader im Straßen- und Erdbau der Vereinigten Staaten große Verbreitung. Die Bilder zeigen um 1910 einen Advance-Rumely OilPull-Traktor mit Rohöl-Antrieb, möglicherweise mit einem Elevating Grader von Stroud, und 1915 ein unbekanntes Fabrikat beim Beladen eines Pferdefuhrwerkes

„Making Good Roads" stand unter diesem Bild, das einen Kerosin-Traktor des amerikanischen Herstellers Hart-Parr mit einem Elevating Grader in South Dakota zeigt. Das kontinuierliche Arbeiten klappte ausgezeichnet: Der Grader wurde einfach durch's Gelände gezogen, die abgehobelte Erde landete seitlich neben der neuen Straße

So optimistisch begann der Straßenbau mit kontinuierlicher Förderung: Ein Holt-Raupenschlepper Typ 75, ein Vorläufer der heutigen Caterpillar-Planierraupen, zog einen Elevating Grader von Russell. Der Antrieb des Förderbandes erfolgte nicht durch die (nicht vorhandene) Zapfwelle des Raupenschleppers, sondern durch Ketten, die von den Hinterrädern des Elevating Grader bewegt wurden

Links: Typischer Elevating Grader der zwanziger Jahre, in drei Größen von 4,3, 4,5 und 5,5 t von der amerikanischen Russell Grader Manufacturing Co. gebaut. Das 91 bis 107 cm breite Förderband wurde meist von den Hinterrädern angetrieben, die dazu eigens ein Stegprofil hatten, um nicht durchzurutschen. Der abgebildete 42" Giant Elevating Grader war mit 6,4 m Länge der größte – und angesichts der vielen Handräder sicherlich nicht leicht zu bedienen

Oben: Wenn das Bild auch besser sein könnte, zeigt es doch den wahrscheinlich ersten selbstfahrenden Elevating Grader. „Street Excavator" (übersetzt: Straßen-Bagger) nannte die Western Wheeled Scraper Co. 1926 ihre 2,7 t wiegende Neuheit. Das Frontförderband, eigens für das Arbeiten auf nur einer Fahrspur konstruiert, konnte einen 3 bis 4 m³ tragenden Lkw in drei Minuten beladen; täglich waren bis zu 760 m³ zu fördern

Links: Um die Förderleistung der Elevating Grader zu steigern, wurden Ende der zwanziger Jahre für den Antrieb des Förderbandes Benzin-, später Dieselmotoren aufmontiert. Das setzte beim ziehenden Raupenschlepper mehr Kraft für den Vortrieb frei. Dieser Elevating Grader von Adams wog 6,2 t und mußte trotz des Frontmotors gezogen werden

Links: Die Idee, Elevating Grader mit einem eigenen Motor für den Antrieb des Förderbandes auszustatten, fand umgehend Anklang. Beim „Levee Special" von Western (später Austin-Western) wurde betont, daß der 40 PS starke Vier-Zylinder-Motor den Raupenschlepper davon befreit, über die Zapfwelle die Erdlast zu heben. Dies soll die Förderleistung der Maschine recht beachtlich um 40 bis 75 Prozent verbessert haben

Links: In den dreißiger Jahren gehörten Elevating Grader zum Standardprogramm der meisten Baumaschinenhersteller, so auch bei Caterpillar. Der immerhin 8 t wiegende „No. 48 Elevating Grader" konnte wahlweise mit Zapfwellenantrieb oder mit 46 PS starkem Cat-Motor (wie abgebildet; am Heck) für das Förderband geliefert werden. Als Raupenschlepper wurde eine Cat RD 8 empfohlen

Auch in den vierziger und fünfziger Jahren blieben Elevating Grader beliebte Straßen- und Erdbaumaschinen. Der „Elegrader" von Williams-Reisser war 1952 speziell für Adams-Grader (später LeTourneau-Westinghouse bzw. Wabco) der Typen 550 und 610 entworfen. Betont wurde der „strikte Ein-Mann-Einsatz" sowie das praktische Hochklappen des Förderbandes beim Transport. Unter normalen Bedingungen soll dieser „Elegrader" stündlich 600 bis 900 m³ geschafft haben!

An die Grader des US-Herstellers Austin-Western und auch an die des englischen Lizenznehmers Aveling-Barford konnte innerhalb von 15 bis 20 Minuten von nur einer Person der 3,7 t wiegende „Plainsman Elevating Grader" angebaut werden. Dank der Montage am Heck blieben der Scharträger und die Schar an Ort und Stelle, so daß der Grader jederzeit auch normale Arbeiten durchführen konnte

Die in den Vereinigten Staaten kurz Elegrader genannten Ausrüstungen waren als Anbau-Zubehör von vielen Herstellern erhältlich. Die Jebco Inc. fertigte Elegrader mit bis zu 600 m³/h Ladeleistung oder gar 1150 m³/h Förderleistung für die Cat-Grader No.14, 12 und 112 sowie für die Wabco-Grader 440, 550 und 660. Die Elegrader-Ausrüstung wog zwischen 3,6 und 4 t. 10 m³ fassende Lkw wurden in 60 bis 90 Sekunden beladen

aufmontierten eigenen Antriebsmotor. Der Boden wurde einfach mit einer großen, etwa einen halben bis einen Meter durchmessenden Pflugscheibe gelöst, anschließend vom Förderband aufgenommen, nach oben bzw. seitlich fort gefördert und abgeschüttet.

Die Elevating Grader fanden im amerikanischen Erdbau schon in den zwanziger Jahren starken Anklang und wurden demzufolge von einer ganzen Reihe von Herstellern produziert, beispielsweise von Adams, Allis-Chalmers, Austin-Western, Little Red Wagon, Russell, Stroud und Western Wheeled Scraper.

Die Maschinen erbrachten erstaunliche Leistungen: Beim Bau des Fort-Peck-Staudammes in den dreißiger Jahren bewegten neun Elevating Grader, die von Raupenschleppern gezogen wurden, innerhalb von 120 Tagen mehr als 3,1 Mio. m³ – das waren durchschnittlich 25 800 m³ pro Tag und tägliche 2870 m³ mit jedem der neun Elevating Grader. In Spitzenzeiten wurden sogar in 14 Stunden 42 000 m³ gefördert. Die Erdmassen wurden von 250 Mulden-Lkw abtransportiert; jeder Elevating Grader hielt also mindestens 20 bis 25 Lkw auf Trab!

Aus dem Elevating Grader entwickelten sich zwei verschiedene Maschinentypen, und zwar mit gleichem Namen der selbstfahrende Elevating Grader (das sind herkömmliche Dreiachs-Grader mit Elevator-Förderer) und die famosen Pfluglader, die gewaltige Erdmassen kontinuierlich fördern und die wir deshalb im übernächsten Kapitel näher betrachten werden.

Während aber auch die selbstfahrenden Elevating Grader in Deutschland kaum nennenswerte Bekanntheit erlangten, gehörten sie in den Vereinigten Staaten zum vertrauten Baustellenbild. Die Elevator-Födereinrichtungen wurden meist nicht von den Graderherstellern, sondern von speziellen Firmen wie B&L, Domor, Hancock, Midland, Reisser (später Jebco) und Johnson gebaut. Die kurz „Elegrader" genannten Vorrichtungen von Ulrich mit 5,8 bis 7,6 m langen und 76 cm breiten Förderbändern waren für Caterpillar-Grader bis zum großen, 13,7 t schweren Cat No.14 erhältlich.

Es gab sogar Bestrebungen, Grader sowohl herkömmlich als auch als kontinuierlich arbeitende Elevating Grader nutzen zu können. So entwickelte Austin-Western 1958 den „Plainsman", der in Deutschland als „Anhänge-Fahrlader, das vielseitigste Erdbewegungsgerät seiner Art" bezeichnet wurde. Der 3,7 t wiegende „Plainsman" wurde samt 5,8 m langem Seitenförderband von nur einer Person am

Größere Grader konnten entsprechend leistungsfähige Elegrader bewegen. Mitte der fünfziger Jahre baute Reisser für die Adams-Grader von LeTourneau-Westinghouse Elegrader mit so langen und breiten Förderbändern, daß während des Einsatzes zwei Stützräder montiert sein mußten. Nach Werksangaben konnten auf diese Weise bis zu 23 m³/min geladen werden – die Lkw folgten schnell hintereinander!

Bild: Archiv Gary Hansen, HCEA

Immer leistungsfähiger wurden die Elegrader, vielleicht im Wettbewerb zu den noch mehr fördernden Pflugladern. Der „Power Pac Jeb-Loader" der Jebco Inc. eignete sich für größere Cat-, Galion- und LeTourneau-Westinghouse-Grader, hatte ein fast 10 m langes Förderband für bis zu 4,1 m Ladehöhe und einen 75 PS starken International-Motor für den Bandantrieb. Als „billigste und einfachste Methode der Erdbewegung" soll der Jeb-Loader pro Minute rund 20 bis 22 m³ geladen haben – welcher heutige Bagger vergleichbarer Größe schafft das…?

Elegrader-Ausrüstungen wurden auch in Deutschland angeboten, beispielsweise in den frühen sechziger Jahren von den Zeppelin-Metallwerken als „zeit- und arbeitssparende Zusatzgeräte für Caterpillar-Motor-Grader". Diese Elegrader wurden mit 5,8 bis 7,6 m langen Förderbändern für die Caterpillar-Grader 112E, 112F, No.12 bis No.14 von Ulrich (später Domor) produziert, gelangten aber wohl leider nie auf deutschen Baustellen zum Einsatz

Der einzige bekannte Elevating Grader aus deutscher Produktion stammte in den späten fünfziger Jahren von O&K, hier beim Beladen eines hinterherfahrenden O&K-Autoschütters AS 600. Der Elevator wurde ans Heck gebaut, um die eigentlichen Graderfunktionen und die Schar nicht zu beeinträchtigen. Genannt wurde das damals „Erdhobel EH 580 mit Flachbagger EF 570" – klingt Elegrader da nicht etwas praktischer?

Elevating Grader sind zwar auch in den Vereinigten Staaten inzwischen selten geworden, werden aber bis heute gebaut. Der R 207 von Rivinius Domor wird hydraulisch durch die Scharhydraulik des Graders angetrieben und soll Ladeleistungen von 300 bis 350 m^3/h sowie reine Förderleistungen zwischen 600 und fast 700 m^3/h erzielen. Das Förderband ist je nach Ausführung 5,8 bis 8,5 m lang, 76 cm breit und läuft mit 167 m/min Geschwindigkeit

Heck des Graders angehängt und während der Fahrt durch ein Laufrad geführt. Die Arbeitsfunktionen des „Plainsman" wurden von der Bordhydraulik des Graders gespeist.

Dennoch konnten sich Elevating Grader nicht durchsetzen, besonders nicht in Europa. Wie bei den Eimerkettenbaggern wurde die Konkurrenz durch Radlader und Hydraulikbagger zu groß, denn solche Baumaschinen ließen sich vielseitiger einsetzen. Zudem wurden in Europa wie in den Vereinigten Staaten die Straßen besser, es gab immer weniger Schotterpisten, deren Wartung und Pflege Gradern vorbehalten waren.

Dieser Umstand reduzierte den Anteil der Grader am Baumaschinenbestand merklich. Und schließlich wurden Grader ab den siebziger Jahren zunehmend seltener zur Pflege von Baustraßen benötigt, weil die Anzahl großer Erdbaustellen schrumpfte. All dies führte leider unweigerlich fast zum Aussterben der Elevating Grader, fast, weil solche Ausrüstungen bis heute in den Vereinigten Staaten von Rivinius Domor angeboten werden, vornehmlich für Caterpillar-Grader.

Vielversprechender als der Name: Becherwerksförderer

Schon weit vor der Jahrhundertwende (vom 19. zum 20. Jahrhundert) erwiesen sich die kontinuierlich arbeitenden Eimerkettenbagger als sehr leistungsfähige Fördergeräte. Was lag näher, als das Konzept abzuwandeln, zu verkleinern und für Förderarbeiten auf Planumshöhe die Eimerkette einfach „hochzusetzen", also gewissermaßen nach oben zu verschieben? Auf diese Weise entstanden die heute – zu Unrecht? – fast völlig in Vergessenheit

Die amerikanische Firma George Haiss (später zu Pettibone-Mulliken) zählte in den zwanziger und dreißiger Jahren zu den bekanntesten Herstellern der „Bucket Loader", die in Deutschland Becherwerkslader hießen. Der große, 6,7 t wiegende „Haiss 27 Big Creeper Loader" bewegte sich durch ein Schneckengetriebe automatisch mit 0,9 m/min Schleichtempo durch das Haufwerk und konnte dank seiner rotierenden Schneidmeißel sogar festes Erdreich baggern, wie die spätere Version 75-SBC veranschaulicht

Der Bucket Loader 522 von Barber-Greene konnte auf Raupenfahrwerk oder Rädern geliefert werden. Die Radversion wurde als einachsiger Anhänger einfach hinter einen Lkw gespannt und flitzte so mit zulässigen 32 km/h Tempo zum nächsten Einsatzort. Ungewöhnlich ist hier das anstelle der Schurre angebaute, um 140 Grad schwenkbare Förderband

Der US-Hersteller Barber-Greene, auch in England vertreten, machte die Bucket Loader weltweit bekannt. Hier lud das große Modell 82 A Kies; deutlich erkennbar die rotierende Förderschnecke, die den Kies zur Mitte zum Becherwerk befördert. Der Antrieb des Becherwerkes erfolgte wie beim 82 A üblicherweise durch eine robuste Kettenuntersetzung

Rechts: Neben Versionen auf Raupenfahrwerken baute Barber Greene auch Bucket Loader mit Traktor-Fahrgestell, hier das Modell 545 aus dem Jahre 1948. Solche Becherwerkslader boten den Vorteil, jederzeit aus eigener Kraft den Einsatzort zu wechseln und auch vergleichsweise schnell andere Halden anzusteuern. Urig muß es ausgesehen haben, wenn einem das Modell 545 auf der Straße begegnete…

Die Barber-Greene-Lader wurden auch in England gebaut, was europäische Hersteller veranlaßte, ähnliche Maschinen zu entwickeln. 1944 präsentierte die U. Ammann Maschinenfabrik aus der Schweiz den „automatischen Becher-Auflader auf Rädern, eine neue wirtschaftliche Arbeitsmaschine“. Für den Antrieb der 5,1 t schweren und 3 km/h fahrenden Maschine sorgte ein Dieselmotor mit 16 PS Leistung

geratenen „Bucket Loader", die in typisch umständlichem Deutsch als Becherwerkslader bezeichnet wurden.

Solche Lader wurden zunächst von amerikanischen Firmen wie Barber-Greene und Haiss ab den zwanziger Jahren gebaut, später in den fünfziger Jahren auch von europäischen Firmen wie Ammann, Fischedick, Linnhoff, Stöhr und sogar Weserhütte. All diese Maschinen eigneten sich aber weniger zur Aufnahme und Förderung gewachsenen, also festen Bodens, sondern eher für zusammengeschobenes Erdreich, für aufgehaldetes Material oder lockeres Haufwerk. Dennoch soll beispielsweise der Haiss-Lader Mitte der zwanziger Jahre auch festes Erdreich gebaggert und verladen haben.

Die Bucket Loader fuhren langsam, aber stetig mit einer kombinierten Schneid- und Zubringerschnecke in das Haufwerk, das über das Becherwerk (Eimer- oder besser Schaufelkette) nach oben befördert wurde und über eine starre oder seitlich schwenkbare Rutsche (Schurre genannt) in Lkw verladen wurde. Manchmal wurde oben auch ein kleines schwenkbares Förderband montiert. Die Maschinen schafften mit etwa 1,5 bis 4 m^3/min weniger als die Elevating Grader.

Einheitliche Bezeichnungen gab es weder in amerikanischer noch deutscher Sprache. Viele nannten die Maschinen Bucket Loader (übersetzt: Schaufel-Lader), aber auch Excavator, Creeper Loader oder einfach Loader, hingegen entstanden bei uns neben Becherwerkslader Begriffe wie Motor-Selbstauflader, automatischer Becherauflader oder Auflader.

Die meisten Bucket Loader bewegten sich gemächlich auf Raupenfahrwerken, doch gab es beispielsweise von Barber-Greene auch Versionen auf Rädern, darunter sogar selbstfahrende mit Fahrersitz und Lenkrad auf der linken Seite neben dem Becherwerk. Andere Versionen konnten an Lkw angehängt werden und auf diese Weise schnell ihren Einsatzort wechseln.

Keine Chancen mehr für Eimerkettenbagger

Nach dem Zweiten Weltkrieg, besonders zu den Zeiten des Wirtschaftswunders der fünfziger und sechziger Jahre, besannen sich viele Konstrukteure erneut auf die Vorzüge der kontinuierlichen Erdbewegung. Demzufolge wurden damals verschiedene kleine, „handliche" Eimerkettenbagger speziell für Erdbaustellen angeboten, beispielsweise von den Firmen Bagger- und Maschinenbau Billigheim, Willy Ertmer, Lübecker Maschinenbau (LMG/O&K), Rheta sowie Weserhütte Otto Wolff.

Der kleine „Selbstauflader" von Stöhr gehörte ab 1954 zu den wenigen Becherwerksladern aus deutscher Produktion. Je nach Baugröße reichte der Inhalt der Becher von gerade mal 5 bis 20 Liter, und dementsprechend wurde die Förder- und Ladeleistung mit stündlichen 40 bis 60 m^3 angegeben. Interessant ist beim Stöhr-Selbstauflader das recht lange und anscheinend weit zu beiden Seiten schwenkbare Beladeförderband

Eimerkettenbagger erwiesen sich bei vielen Erdbau- und Abbauvorhaben dank ihrer stetigen Arbeitsweise als äußerst praktisch, obwohl sie nicht so hohe Schneidkräfte an einem Punkt konzentrieren konnten wie Löffelbagger. Die (begrenzten) Erfolge der Eimerkettenbagger veranlaßten einige deutsche Hersteller wie die LMG (Lübecker Maschinenbau-Gesellschaft), neben den bekannten Riesenbaggern auch kleinere Eimerkettenbagger sowohl für Hoch- als auch Tiefschnitt zu konstruieren.

Beliebt waren Eimerkettenbagger damals auch bei der Abraumräumung und Materialgewinnung in kleineren Kies-, Sand-, Ton- und Kreidegruben. Im Gegensatz zu Löffelbaggern hinterließen sie aufgrund ihrer linearen Arbeitsweise sauber gezogene Abbaukanten und konnten zudem mit der Eimerkette sogar bestens unter Wasser baggern.

Doch für den normalen Erdbau mit seinen häufig wechselnden Einsatzorten waren auch kleine Eimerkettenbagger mit ihren langen Eimerleitern zu sperrig und zu mühsam für den Transport zu zerlegen. Daran änderte auch der Wechsel von Gleis- auf flexibler zu handhabende Raupenfahrwerke nichts mehr.

Eine weitere Hürde war der Abtransport der von Eimerkettenbaggern so schnell geförderten Erdmassen: Bandanlagen lohnten sich nur für sehr große Erdbauvorhaben. Wurden jedoch Feldbahnloren oder gar Lkw oder Muldenkipper beladen, mußte der stetige Materialfluß bei jedem Loren- oder Fahrzeugwechsel unterbrochen werden. Dies minderte die eigentlich sehr hohe Förderleistung der kleinen Eimerkettenbagger, so daß sie gegenüber konventionellen Seilbaggern weiter ins Hintertreffen gerieten.

Große Vielfalt, kleine Erfolge

Dem Elevating Grader, den Becherwerksladern und den kleinen Eimerkettenbaggern folgten in den sechziger, siebziger und achtziger Jahren ganze Scharen unterschiedlichster Entwürfe, um die kontinuierliche Förderung auf Baustellen aller Art zu bringen. Doch bis auf Bandlader und Pfluglader, die wir in den beiden nächsten Kapiteln näher kennenlernen werden, konnte keiner der Entwürfe nennenswerte Verbreitung erlangen.

Zahlreiche weitere Konstruktionen werden uns im 5. Kapitel begegnen, beispielsweise aus deutscher Produktion der fünfziger und sechziger Jahre der Trautmann-Fahrlader, der Bleichert-Kugelschaufler, der O&K-Fräsradförderer System Rosetz und der Liebherr-Raupenbandlader.

Auch in den siebziger Jahren nahmen Maschinen, die unter Eigenbewegung kontinuierlich fördern, eine Sonderstellung ein. Dazu gehören mehrere interessante rad- und raupenmobile Fördergeräte des amerikanischen Herstellers Rahco, der Force-Feed-Loader des US-Herstellers Athey sowie die Earthmill und der Rotaminer der britischen Firma Babcock.

In den siebziger und achtziger Jahren tauchten verschiedene andere Entwicklun-

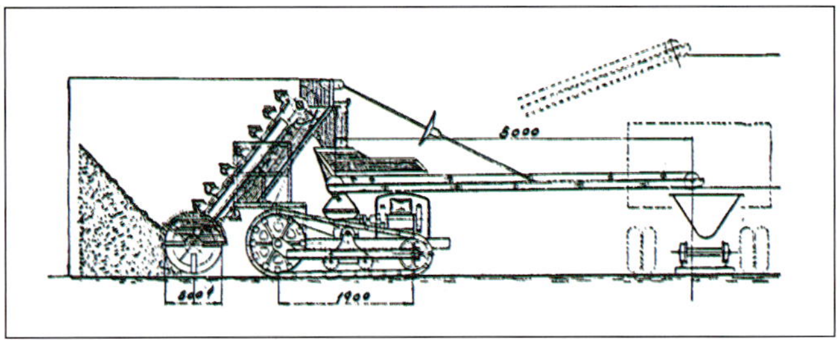

Ob der sogenannte „Auflader" von Weserhütte tatsächlich jemals gebaut wurde, ist ungewiß. Interessant bei diesem Entwurf aus dem Jahre 1954 ist das relativ kurve Becherwerk. Eine ausreichende Ladehöhe wurde stattdessen durch das mit 5 m außergewöhnlich lange Förderband gewährleistet. Bei nur 1,9 m Achsabstand zwischen Turas und vorderer Laufrolle muß die Maschine sehr klein gewesen sein

Nur wenig ist über den „Motor-Selbstauflader" der deutschen Firma Eduard Linnhoff bekannt, der 1957 als Neuheit vorgestellt wurde. Die Förderleistung der recht kleinen Maschine wurde auf rund 60 t/h veranschlagt. Auf der Abbildung erkennbar ist eine Anhängedeichsel und eine sehr lange Schurre, die anscheinend um einen großen Bereich von 270 Grad schwenkbar war

Was andere können, schaffen wir auch, mögen sich findige Tüftler gedacht haben. Und so wurde für das kontinuierliche Baggern in einer österreichischen Kies- und Sandgrube 1956 eine „Aufladamaschine" statt der Pritsche quer auf das Fahrgestell eines Opel Blitz montiert. Der Antrieb des kleinen, mobilen Eimerkettenbaggers erfolgte nicht durch den Motor des Opel Blitz, sondern elektrisch Bild: Archiv Klaus Mayr

Gleisgebundener Erdbau mit kleinen Eimerkettenbaggern – in den frühen fünfziger Jahren erhielt die kontinuierliche Förderung bei O & K auch für kleinere Bauvorhaben durchaus noch eine Chance. Im Lübecker O & K-Werk der LMG entstanden damals kleine, elektrisch betriebene Eimerkettenbagger für Tiefschnitt, die vornehmlich zur Beladung kleiner Loren konzipiert waren. Damals lieferte O & K auch das gesamte Feldbahnmaterial, also Schienen, Weichen, Loren und Lokomotiven

Schwerer wurde es für die auf Schienen fahrenden Eimerkettenbagger, als sich in den fünfziger Jahren der Wechsel zur gleislosen Förderung abzeichnete. Das Rücken der Gleise erschien zunehmend mühsamer und zeitraubender, verglichen mit der Mobilität der Baumaschinen auf Raupen und Luftreifen. Praktisch war die Idee, mit einem Traktor einen beladenen Anhänger fort ziehen zu lassen, während ein anderer Anhänger beladen wurde

Ausreichend attraktiv blieb die kontinuierliche Förderung auch angesichts des neuen gleislosen Erdbaus. Auf dem Werkshof der LMG wurde deshalb in den frühen sechziger Jahren ein bemerkenswert kompakter Eimerkettenbagger ausgiebig getestet, doch leider nicht ins O&K-Programm übernommen. Raupenfahrwerke sollten für ähnliche Mobilität wie bei einem kleinen Seilbagger sorgen. Die auffallend kurze Eimerleiter war um volle 360 Grad schwenkbar. Weil bei dem Prototyp noch kein Fahrerstand vorhanden war, mußte der Arbeiter am Bedienungspult stehen

Wieger stellte 1958 das Ladegerät BSR 30 mit Radfahrwerk vor: „Das Ladegerät – auch Fahrlader genannt – nimmt mit Hilfe einer kurzen Eimerkette das Schüttgut vom Boden auf und übergibt es auf ein Absetz-Förderband. Die Eimerleiter ist um 60 Grad und das Förderband um 90 Grad schwenkbar. Das Gerät erreicht eine wirksame Arbeitsbreite von 5,0 m." – Schade, daß solche interessanten Konstruktionen verschwunden sind…

Rechts: „Wieger Fahrlader sind zur Aufnahme und Förderung von schweren Schüttgütern und gewachsenem Boden geeignet. Durch den stetigen und gleichmäßigen Materialfluß besteht in vielen Fällen eine weitgehende Überlegenheit gegenüber den mit pulsierender Aufgabe arbeitenden Baggern. Die Universalgeräte erreichen Stundenleistungen bis 300 m^3." Die Fahrlader wurden von Wieger in fünf Größen ab 9,6 t Gewicht gebaut, hier der Größte, die 33 t schwere und 25 m lange Gleisschotter-Maschine GSRM 250

Eine weitere kontinuierlich arbeitende Maschine, die allerdings nicht beladen konnte, war der „Highway Widener" (Straßen-Verbreiterer). Ursprünglich von der US-Firma Buckeye entwickelt, wurde der 7 t wiegende „Highway Widener" in den fünfziger Jahren von Gar Wood verkauft. Ein 67 PS starker Zwei-Takt-Diesel von General Motors brachte die Maschine auf über 30 km/h Tempo. Um Asphaltdecken verbreitern zu können, baggerte seine Trommel einen bis zu 46 cm tiefen und je nach aufgesetzter Trommel 61, 76, 91, 107 oder 122 cm breiten Streifen unmittelbar neben der Straße

Eine ähnliche Maschine wie der „Highway Widener" entstand in den sechziger Jahren in der damaligen DDR. Beim VEB Baumaschinen Gatersleben wurde damals das „Banketträumgerät" URM 70 produziert, das mit seinem Front-Förderband sogar vorweg fahrende Lkw beladen konnte. Durch die im Unterflurbereich von 6 bis 45 Grad Neigung verstellbare Fräs- und Förderschnecke konnten auch schräge Grabenseiten bis 1,5 m Tiefe geräumt werden. Die 60 PS starke und 7 t schwere Maschine wurde in viele Länder exportiert, so auch nach Schweden

gen auf, beispielsweise wurden Fräslader von Westfalia-Lünen vereinzelt im Tagebau verwendet. 1986 stellte PWH Weserhütte/Paurat eine Reihe von Geräten, die bis zu 250 t schweren C-Miner mit frontseitiger, dreiteiliger Fräs- und Schrämeinrichtung, vor.

Die englische Firma Dosco wandelte eine Untertage-Teilschnittmaschine zur kontinuierlich arbeitenden Erdbaumaschine ab, und der österreichische Hersteller Voest-Alpine verfolgte mit seiner VASM-Baureihe ähnliche Konzepte. Durch die Höhenverstellung der vorderen Fräswalze hatten all diese Maschinen den Vorteil gemeinsam, eine große Blockhöhe bei äußerst langsamem Vorschub abtragen zu können.

Im 6. Kapitel untersuchen wir die lange, über mehrere Jahrzehnte währende Entwicklungsgeschichte und Wandlung des amerikanischen „Satterwhite-Loader" zum Surface Miner von Krupp. Vom texanischen Bauunternehmer Satterwhite 1967 entwickelt, konnten anschließend in den siebziger und achtziger Jahre Jahren weder der US-Muldenkipperhersteller Unit Rig noch ab 1985 die US-Firma McNally-Pittsburg mit dem Konzept die beabsichtigten Erfolge erzielen, obwohl ein 113 t schwerer Prototyp stündliche Förderleistungen von bis zu 2000 m³/h erbracht haben soll. 1988 wurde die Satterwhite-

Im Tontagebau wurden in den sechziger und siebziger Jahren einige Fräslader der deutschen Firma Westfalia Lünen eingesetzt, hier der von einem 96-PS-Dieselmotor vollhydraulisch angetriebene, sehr kompakte „Fräs-Lader Dachs". Durch die Materialübergabe auf kleine weiterführende Förderbänder wurde das kontinuierliche Arbeiten nicht durch Fahrzeugwechsel unterbrochen

Technik von Krupp übernommen und diente als Basis für die gegenwärtigen Surface Miner.

Vielversprechend waren Entwicklungen, die von einem fräsenden Materialabtrag ausgingen – sie werden im 7. Kapitel vorgestellt. Die ersten Maschinen dieser Art baute der amerikanische Hersteller CMI schon 1974 als Kaltfräsen zum Abtragen von Straßenbelägen, die für den Gewinnungseinsatz modifiziert wurden.

Ende der siebziger Jahre stellte die US-Firma Huron den ähnlich konzipierten Easi-Miner vor, der auf vier Raupenketten fuhr und eine mittige Fräswalze mit 1,5 bis 2,2 m Durchmesser besaß. Dieser Konzeption folgten ab 1981 auch die Surface Miner des ebenfalls für Straßenfräsen bekannten deutschen Herstellers Wirtgen.

Auf kleine Schaufelradbagger, die ja ebenfalls zu kontinuierlichen Ladegeräten zählen, gehen wir im 8. Kapitel ein. In den fünfziger, sechziger und siebziger Jahren versuchten zahlreiche Hersteller, in erster Linie deutsche wie Buckau, Demag, Krupp, O & K und Weserhütte, immer wieder, kompakte Schaufelradbagger mit etwa 20 bis 150 t Gewicht auf Baustellen salonfähig zu machen. Gegenüber Eimerkettenbaggern war den geschrumpften Schaufelradbaggern jedoch ein gewisser Erfolg beschieden, der bis in die Gegenwart reicht – wenn auch nicht gerade auf herkömmlichen Erdbaustellen.

Dennoch konnten sich die Kompakt-Schaufelradbagger im normalen Erd- und Tiefbau nicht gegen die Konkurrenz von Hydraulikbaggern und Radladerm behaupten. Ihr Einsatz auf Baustellen verlangt eine sorgfältige Planung und exakte Abstimmung mit den Einsatzgegebenheiten und den nachgeschalteten Geräten.

Und so wandelte sich das Bild im Laufe der Zeit: Während die kontinuierliche Förderung früher auf vielen Erdbaustellen selbstverständlich war, ist sie heute nur noch dem Tagebau vorbehalten. Erdbaustellen mit kontinuierlich arbeitenden Fördergeräten sind zu einer sehr, sehr seltenen Ausnahme geworden.

Eigentlich ist das doch merkwürdig: Würden wir allein in Deutschland die Leerzeiten addieren, die sämtliche Bagger und Radlader an einem Tag zurückschwenken und -fahren, kämen Tausende unproduktiver Stunden heraus. Nun denke man an die auf gleiche Weise aufsummierten Leerzeiten in Europa oder rund um den Globus. Deshalb sei ein „dreifach' Hoch" auf die kontinuierliche Förderung ausgerufen!

Bandlader

Immerhin fast kontinuierlich

Eine interessante Methode, Lkw und Muldenfahrzeuge kontinuierlich zu beladen, bietet sich mit sogenannten Bandladern. Ganz im Gegensatz zum Elevating Grader und zum Pfluglader bewegt sich der Bandlader während der Förderung jedoch überhaupt nicht, im Gegenteil, er ist ziemlich fest „eingebuddelt" und meist halbseitig unter Erd- und Gesteinsmassen verschwunden.

Außerdem kann ein Bandlader allein keinerlei Material fördern, denn wie die Pfluglader ist er auf andere Baumaschinen angewiesen. Er wird aber nicht gezogen, vielmehr schieben die weiteren Maschinen – meist Planierraupen oder Raddozer – dem Bandlader unentwegt große Materialmengen zu. Der von den Planierraupen angelegte Einschnitt ist V-förmig, wobei sich „unten" an der V-Spitze der Aufnahmetrichter des Bandladers befindet.

Funktion und Aufbau eines Bandladers sind einfach zu erklären: Ein Bandlader ist nichts anderes als ein ziemlich groß geratenes Förderband, dessen Vorderteil weit ins Haufwerk „reingesteckt" (besser: eingegraben) wird und dessen oberes Ende Erde oder Gestein in unterfahrende Muldenkipper schüttet.

Meist werden Bandlader hügelseitig in die Wand oder einen mindestens 7 m hohen Abhang eingegraben. Dann können die Planierraupen abwärts schieben und so die Schwerkraft zur Unterstützung nutzen. Der Bandlader kann so angeordnet werden, daß sich das Material zwischen Aufnahmetrichter und Bandende oder Abwurfschurre nur minimal oder gar nicht aufwärts bewegen muß.

Der Hunger leistungsfähiger Bandlader ist dermaßen groß, daß nicht selten vier oder sogar fünf Planierraupen erforderlich sind, um den Aufnahmetrichter des Bandladers ständig mit herangeschobenen Erd- und Gesteinsmassen zu füttern. Die Schubdistanzen der Planierraupen liegen nur selten über 100 bis 150 m, um die Taktzeiten kurz zu halten.

Seltener werden anstelle von Planierraupen mehrere Bagger verwendet, doch kommt es hierbei leichter zu Problemen mit der Reichweite der Baggerausleger: Langen sie nicht mehr bis zum Einzugstrichter des Förderbandes, muß der Bandlader zu häufig umgesetzt werden, was die Produktion entsprechend hemmt.

Der Aufwand an Maschinen, Fahrern und Kraftstoff zum Beschicken eines Bandladers ist zwar hoch, wird aber durchaus belohnt: Beispielsweise beladen Bandlader schnell nachrückende Muldenkipper mit 45 t Nutzlast in gerade mal 30 bis 40 Sekunden – das ist unübertroffen und entspricht Ladeleistungen von bis zu 1,5 t in jeder Sekunde!

Eingespieltes Team für rasante Abläufe

Ist der Einschnitt oberhalb des Bandladers tief genug oder wurde ausreichend Material abgetragen, wird der Bandlader (meist mit ein oder zwei Planierraupen) aus dem Haufwerk gezogen, eine bestimmte Entfernung weiter geschleppt und erneut in die Hügelseite oder Wand eingegraben. Ein solches Umsetzen dauert rund acht Stunden, also einen Arbeitstag. Die extrem kurzen Ladezeiten und hohen Fördermengen „entschädigen" für diese vergleichsweise lange unproduktive Phase beim Umsetzen.

Unter einem Bandlader werden oft Bodenentleerer eingesetzt. Das bringt gleich mehrere Vorteile mit sich: Die Sattelanhänger-Mulden der Bodenentleerer sind ausreichend flach, schmal und lang-

Was wie ein flach gedrückter Trichter oder ein Fächer aus Spuren wirkt, ist der Einzugsbereich eines REI Rockbelt-Bandladers (heute RBI). Hier wurden 1968 in Andalusien an einem einzelnen Rockbelt-Standort 1,2 Mio. m³ bewegt. Die drei Cat D9G-Raupen verfügten über spezielle Schubschilde, die dank langer Seitenflügel die Massenverluste über große Schubdistanzen minderten

Laden mit High-Speed: Wenn Bandlader mit Wechselschurre Lkw, Bodenentleerer und Muldenkipper beladen, müssen stets ganze Flotten bereitstehen. Die Ladezeiten pro Fahrzeug dauerten hier gerade mal 10 bis 20 Sekunden. Die Wechselzeiten der Fahrzeuge mußten entsprechend kurz sein, um den Einsatz effektiv zu halten

Gleich vier Kolman-Bandlader Typ 303 mit 1,52 m Bandbreite wurden beim Bau des Cannonsville-Staudammes im US-Bundesstaat New York genutzt, wo Mitte der sechziger Jahre 2,1 Mio. m^3 Material abzutragen, zu verladen und transportieren und einzubauen waren. Durch die Wechselschurre konnte immer ein Bodenentleerer oder Muldenkipper unterfahren, während der andere gefüllt wurde gestreckt, um vom Förderband schnell gefüllt zu werden. Außerdem können Bodenentleerer ihre Ladung während der Fahrt abschütten, müssen also nicht zum Abkippen rückwärts rangieren. Das spart Fahrzeit ein und unterbricht den „Kreislauf" einer ganzen Fahrzeugflotte nicht so sehr wie das Rückwärtskippen.

Bandlader, Raupen und Bodenentleerer müssen für den effektiven Ladebetrieb ein eingespieltes Team sein. So lösen die Planierraupen häufig wechselweise mit dem Heckaufreißer felsige Böden und schieben bei der nächsten Fahrt mit dem Schild das gelockerte Material zum Bandlader. Während des Reißens darf der Bandlader jedoch nicht „leer laufen" – also muß in dieser Zeit unbedingt eine andere Raupe Material zuschieben.

Dies betrifft auch den Wechsel zwischen Schieben und „leerer" Rückwärtsfahrt der Raupen. Stets muß sich eine Raupe schiebend zum Bandlader hin bewegen, während eine andere zurückfährt. All dies verlangt sorgfältige Abstimmung der Raupenfahrer und großes Können.

Viel Erfahrung und Können wird auch von den Fahrern der Bodenentleerer oder Muldenkipper und vom Bediener des Bandladers verlangt. Schließlich müssen die Fahrzeuge tagein, tagaus über etliche Stunden in Taktzeiten von weniger als einer Minute bis hinab zu kurzen 40 Sekunden unter das Förderband des Bandladers fahren, kurz halten und im rechten Augenblick losfahren, damit der Materialfluß nur für Sekunden unterbrochen wird und das nächste Fahrzeug unter das Band rollen kann.

Die Wechselzeiten der unterfahrenden Bodenentleerer oder Muldenkipper sollen nur 9 bis höchstens 14 Sekunden betragen, damit der Bandlader so wirtschaftlich wie möglich arbeitet. Der Lauf des Förderbandes wird deshalb stets nur für wenige Sekunden vom Bediener des Bandladers gestoppt und schon beim Unterfahren des Bodenentleerers oder Muldenkippers wieder gestartet. Zudem muß der Mann auf dem Bandlader den Fahrern der Planierraupen oder Bagger Zeichen geben, sollte ihre zugeförderte Materialmenge nicht mehr ausreichen, beispielsweise aufgrund zu weiter Förderdistanzen.

Oben: Oft sind vier, fünf oder wie hier sogar sechs Planierraupen erforderlich, um den Aufnahmetrichter eines Bandladers mit Erd- und Gesteinsmassen ausreichend füttern zu können. Grundsätzlich wird bei den Einsätzen von Ladeleistungen von mindestens 1 t pro Sekunde ausgegangen, oft auch mehr!

Bei einem Straßenbauprojekt nahe dem kalifornischen Santa Monica belud ein Kolman-Bandlader Typ 303 eine aus zwölf Maschinen bestehende Flotte dreiachsiger Cat-Scraperzüge pro Acht-Stunden-Tag mit durchschnittlich 7800 m^3 Material. Durch das Beladen von oben verringerten sich die Verschleißkosten der Scraperreifen um 60 Prozent

Bis zu 55 Bodenentleerer und Muldenkipper bedienten zwei Kolman-Bandlader beim Straßenbau nahe San Diego. So wurden im täglichen Zehn-Stunden-Betrieb etwa 12 000 m³ bewegt. Fahrzeugzahl, abhängig von der Transportentfernung, Pflege der Fahrtrassen, Anzahl der Planierraupen und Umsetzphasen des Bandladers erfordern eine ausgeklügelte Baustellenlogistik

Zu den wenigen europäischen Herstellern von Bandladern zählte die französische Firma REI mit ihren Rockbelt-Ladern. Dieser Rockbelt für eine stündliche Leistung von 1000 t wurde 1973 „semistationär" in einem Kreidetagebau im Südosten Frankreichs aufgebaut und belud keine Muldenfahrzeuge, sondern nachgeschaltete Bandstraßen. Rockbelt-Bandlader wurden bis in die neunziger Jahre vom neuen REI-Eigner RBI in Frankreich gebaut

Hier muß der Kolman-Bandlader bald umgesetzt werden, denn die drei Planierraupen, die seinen Aufnahmetrichter beschicken, schieben bereits bergauf und behindern sich gegenseitig. Das aufwändige und langwierige Umsetzen eines Bandladers ist der einzige stark produktionshemmende Einsatzparameter. Deshalb verlangt die „Umsetz-Frequenz" sorgfältige Planung

Rechts: Auf Großbaustellen arbeiteten Bandlader oft 18 Stunden am Tag und mehr, um für höchste Massenbewegungen in kürzester Zeit zu sorgen. Dieser Kolman-Athey Typ 303 wurde Mitte der achtziger Jahre zum Bad Creek-Staudammprojekt nach Süd Carolina geliefert und füllte eine Flotte von Cat-Scrapern 631 und 637, oft auch mit Wechselschurre zwei Scraper nebeneinander

Unten: Der große Kolman-Athey-Bandlader Typ 404, hier besonders hoch in die Wand eingebaut, war mit bis zu 1,83 m breiten und 18 m langen Bändern und 290 PS starken Dieselmotoren für Höchstleistungen konzipiert. Werksseitig wurden stündliche Förderleistungen von 3000 m³ und mehr genannt, was fast 1,5 t pro Sekunde entspricht

Oben: Bei vielen Bandladern wurde die Schwerkraft genutzt, hier 1980 in einem Kohletagebau bei Larco Servia in Griechenland: Zum „Füttern" des Rockbelt-Bandladers von REI für 1100 t/h Leistung schoben mehrere Raupen oben Abraum über die Abbruchkante, der unten in den Aufnahmetrichter des Bandladers rutschte. Der Arbeiter oben rechts zeigt die Dimensionen. So konnten an nur einem Standort äußerst kostensparend riesige Massen abgetragen und verladen werden!

Links: Der von Weserhütte gebaute Bandlader wurde von der Hannover-Messe direkt auf die Autobahn-Baustelle Westhofener Kreuz gebracht und erbrachte dort 1964 kolossale Ladeleistungen. Sogar eine Flotte von 30 Dreiachsern genügte nicht, um den Bandlader voll auszulasten

„Die schnellste Beladezeit, die es je gab", freute sich ein Bauleiter über den Weserhütte-Bandlader. Die Mulde des Euclid R-45, damals der größte in Deutschland arbeitende Muldenkipper, wurde in rund 45 Sekunden mit über 40 t Felsgestein gefüllt. Der Bedienungsmann konnte aus seinem beheizten Führerhaus direkt in die Mulden oder Lkw-Ladeflächen blicken

Zwei Planierraupen Cat D9G reichten nicht, um den Hunger des Weserhütte-Bandladers zu stillen, so daß eine dritte Raupe hinzukam. Mit wachsenden Schubdistanzen muß die Zahl der Raupen erhöht werden, damit sich stets ausreichend Material über dem Aufnahmetrichter des Bandladers befindet und sein Förderband nicht „leer läuft"

Obwohl sich der von Weserhütte gebaute und mit Wandlerantrieb sehr fortschrittliche Bandlader über mehr als zehn Jahre bei mehreren großen Erdbaustellen bewährte, blieb er doch eine Ausnahme. Nur wenige Bandlader wurden in Deutschland gebaut; weitere Fabrikate sind leider nicht bekannt

So sah der Aufnahmetrichter des Weserhütte-Bandladers aus, wenn über ihm fast das gesamte Erdreich entfernt wurde. Nun war der Bandlader für das Umsetzen bereit und konnte mit einer Planierraupe zur nächsten Ladestelle geschleppt werden. Dort mußte dann für die Planierraupen eine Arbeitsebene oberhalb des Aufnahmetrichters aufgeschüttet werden

Links: Das regelmäßige Umsetzen des Bandladers gestaltete sich immer recht aufwändig und unterbrach stets für Stunden den Ladebetrieb. Um den 17 m langen und 32 t schweren Brocken aus dem Erdreich zu ziehen und zügig über unebenes Baustellengelände zu schleppen, war die Zugkraft einer Cat D9G mehr als willkommen!

Wegen der kurzen Beladezeiten soll der Anteil der unproduktiven Wechselzeiten der unterfahrenden Muldenkipper äußerst kurz sein. Deshalb standen hier beim Autobahnbau nahe Köln 1974 schon mehrere Terex R-35 bereit, um den Materialstrom des Weserhütte-Bandladers so kurz wie möglich zu unterbrechen

Bild: Rainer Oberdrevermann

Wenn Bandlader, dann Kolman

In erster Linie wurde der leistungsstarke Betrieb von Bandladern durch die Maschinen des amerikanischen Herstellers Kolman in den vierziger und fünfziger Jahren bekannt. Bei großen Straßen-, Damm- und Kanalbauprojekten verblüfften die Ladeleistungen der Kolman-Bandlader damals gegenüber allen herkömmlichen Methoden mit Scrapern und Baggern oder Radladern im Team mit Muldenkippern.

Von Kolman wurden Bandlader beispielsweise in zwei Größen als Typen 303 und 404 mit Förderbandbreiten von 1,21, 1,52 und 1,83 m gebaut. All diese Bandlader waren mit zwei verschiedenen Bandlängen von 15,2 und 18,3 m erhältlich, der mit 1,83 m Bandbreite auch mit 21,3 m Bandlänge. Die Gewichte der auf zwei Achsen mit Lkw-Bereifung rollenden Bandlader erreichten je nach Baugröße 22 bis 35 t.

Für den Bandantrieb sorgten je nach Bandbreite und -länge Dieselmotoren mit 90 bis 290 PS. Je nach zu förderndem Material, Taktzeiten und Nutzlast der unterfahrenden Bodenentleerer oder Muldenkipper konnten die Förderbänder mit Geschwindigkeiten von 121, 152 oder 183 m/min betrieben werden. Entsprechend variierten die Förder- und Ladeleistungen der Bandlader.

Die Reihe der Kolman-Bandlader wurde Mitte der siebziger Jahre von der amerikanischen Firma Athey Products Corporation übernommen. Für Athey war dies eine willkommene Ergänzung des Programmes, produzierte Athey doch für Ein- und Zweiachs-Zugmaschinen von Caterpillar, Euclid, International, Michigan, Terex, Wabco und anderen sowohl Hinterkipper- als auch Bodenentleerer-Anhänger. Nun konnten auch noch Bagger geboten werden, wenn auch „etwas andere" in Form von Bandladern.

Erfolge für den Weserhütte-Bandlader

In Europa setzte sich die Idee der Bandlader gar nicht erst durch, abgesehen von den recht erfolgreichen REI-Rockbelt aus Frankreich. Zu klein waren auch in den fünfziger, sechziger und siebziger Jahren die meisten Baulose, zu eingefahren die bewährten Abbau-, Förder- und Lademethoden, als daß der Einsatz von Bandladern eine Chance als interessante Alternative gehabt hätte.

Immerhin befaßte sich aber der legendäre deutsche Baggerhersteller Weserhütte mit dem Thema – das ja eine ernsthafte Konkurrenz zu den Seilbaggern aus dem eigenen Hause darstellte! Der Weserhütte-Bandlader wies beachtliche Dimensionen auf: Er war 17 m lang, 3,2 m breit und wog im Transportzustand 32 t. Sein Förderband entsprach mit 1,5 m Breite und 20 mm Stärke mittelgroßen amerikanischen Bandladern.

Das Förderband wurde von einem luftgekühlten Acht-Zylinder-Motor von Deutz angetrieben. Fortschrittlich war der Drehmomentwandler zwischen Motor und Untersetzungsgetriebe, der Belastungsspitzen abfing und beim stetigen Anfahren des gefüllten Bandes bei jedem neuen Lkw Getriebe und Motor entlastete.

Zum Einsatz, wahrscheinlich dem ersten, kam der Weserhütte-Bandlader 1964 an der Autobahnbaustelle Westhofener Kreuz, wo mehr als 1 Mio. m³ felsiger Boden zu bewegen waren. Der Bandlader wurde auf mehreren Tiefladezügen direkt von der Hannover-Messe zur Baustelle transportiert, wo er von Weserhütte-Monteuren in fünf Tagen zusammengebaut wurde.

Für die Beladung waren 30 Dreiachs-Lkw, meist von Henschel und Magirus, vorgesehen, zum Beschicken zwei Planierraupen Cat D9G, die dem Aufnahmetrichter bei jedem Arbeitstakt etwa 8 m³ Boden zuschoben. Bald schon zeigte sich, daß der Bandlader mehr konnte: Eine dritte D9G wurde angeschafft und steigerte die Ladeleistungen entsprechend der Schubdistanzen auf einen Schlag um 40 bis 50 Prozent!

„Die schnellste Beladezeit, die es je gab", schrieb ein Bauleiter über den Einsatz des Weserhütte-Bandladers, und weiter: „Jede Sekunde eine Tonne Material. Ein Lkw wird beladen; drei leere Lkw warten dahinter." Doch die Ladeflächen der

Magirus-Dreiachser waren zu schnell gefüllt, so daß die Wechselzeiten der Lkw gegenüber den eigentlichen Beladezeiten einen zu hohen Anteil einnahmen.

Deshalb wurde vom deutschen Euclid-Händler Charles Keller aus Düsseldorf ein Euclid-Muldenkipper R-45 samt Fahrer angemietet, damals der größte in Deutschland eingesetzte Muldenkipper! Unfaßbar waren die Ladezeiten des Weserhütte-Bandladers: Er füllte die Mulde des R-45 mit fast 45 t Felsgestein stets in durchschnittlich 45 Sekunden, so daß auch hinter ihm sofort mehrere Dreiachs-Lkw bereitstehen mußten.

Der Weserhütte-Bandlader bewährte sich auf dieser Baustelle so gut, daß er in den folgenden zehn Jahren bei mehreren anderen Bauvorhaben zum Einsatz gelangte, beispielsweise in Lüdenscheid beim Bau der Sauerlandlinie, in Lengerich an der Hansalinie, in Blankenrode und Eckenhagen.

Dazu wurde der Transport des Bandladers optimiert: Ein vierachsiger Tieflade-Anhänger von Scheuerle mit 10 m langem Ladebett konnte den 17 m langen Bandla-

Viele Bandlader wurden mit Wechselschurre ausgestattet, um die produktionshemmenden Wechselzeiten mehr oder weniger auszuschalten. Bei diesem Bandladereinsatz wechselten sich Cat-Scraper und Berliet-Muldenkipper in schneller Folge ab. Wegen der Fahrzeugbreiten war die Wechselschurre so groß, daß der Bandlader für ausreichende lichte Höhe unter dem Förderband sehr hoch aufgebaut werden mußte

Die Rockbelt-Bandlader wurden von REI mit 50 bis 300 PS starken Motoren für Ladeleistungen von 315 bis 6300 m³/h gebaut. Entsprechend groß war der „Hunger" solcher Bandlader, so daß in diesem Kalksteinbruch 1969 mehrere Allis-Chalmers HD 41 – damals die größten Raupen der Welt – Haufwerk zuschoben. Das Material gelangte direkt auf eine Bandstraße, zu große Brocken wurden zuvor ausgesiebt. Die größten REI-Bandlader bewegten sich sogar selbsttätig auf Raupenfahrwerken

der (mit abmontiertem Führerhaus) tragen und wurde von einem dreiachsigen Scania-Lkw gezogen. Dabei reichte die Spitze des Ladebandes bis 30 cm hinter das Lkw-Fahrerhaus!

Eine Cat D9G zog und drückte den Bandlader auf den Scheuerle-Tieflader. Der Scheuerle-Tieflader war nur für 20 t Last konzipiert, doch wurde sein Bett nicht belastet, da der Bandlader dank selbstgebauter Stahlböcke nur auf den Achsgestellen lagerte und das Gesamtgewicht für die Sondergenehmigung etwas „erleichtert" wurde.

Die Tieflader-Hydraulik war nicht stark genug, um das Bett zum Festbolzen der Hinterachseinheit hochzuheben. Doch auch hier wußte man sich zu helfen: Das Tiefladebett wurde mit dem (anders herum gedrehten) Aufreißzahn einer Cat D9G angehoben und die Hinterachseinheit verbolzt. Durch den verbesserten Transport reduzierte sich die Zeit für Abbau, Transport und Aufbau von zehn auf nur zwei oder drei Tage.

Zu viele Maschinen, zu kleine Baustellen

In den letzten Jahrzehnten wurde es still um die Bandlader, in Europa wie in den Vereinigten Staaten. Besonders in Deutschland schrumpften die Baulose, Massenbewegungen von mehr als einer halben Million Kubikmeter sind rar geworden. Aber gerade ab solch großer Massen lohnt sich ein Bandlader.

Hinzu kommt ein weiteres Hindernis: Der Bandlader muß „oben" beschickt werden. Planierraupen sind längst nicht mehr so verbreitet wie in den fünfziger und sechziger Jahren, für das effektive Beschicken eines Bandladers sind aber mindestens drei erforderlich.

Drei oder vier Planierraupen verbrauchen viel Kraftstoff und müssen von drei Fahrern bedient werden. Im Bandlader sitzt ein weiterer Bedienungsmann. Somit ist diese Lademethode sehr personalintensiv. In Zeiten, wo der Mensch der teuerste „Kostenfaktor" geworden ist, scheuen sich viele Bauunternehmen vor dem großen Maschinen- und Personaleinsatz zum Betrieb eines Bandladers.

„Zeit ist Geld" – diese eigenartige Weisheit trifft anscheinend auf Bandlader nur begrenzt zu: Obwohl sie Muldenkipper oder Lkw in kürzesten Rekordzeiten beladen, werden sie doch von den Wenigen, die sich noch an sie erinnern, als zu hungrige Kostenverschlinger gefürchtet.

Niemand möchte die Transport-, Betriebs-, Kraftstoff- und Lohnkosten für vier oder fünf Maschinen und Fahrer für nur ein Ladegerät – den Bandlader – in Kauf nehmen. Resultat: Lieber mit vorhandenen, bewährten Hydraulikbaggern laden, wenn auch langsam und gemächlich. Schnelles Laden war früher mal…

30 Sekunden für jede 35-t-Mulde

Welche kolossalen Ladeleistungen mit Bandladern zu erzielen sind, wurde auch 1990 in Norddeutschland unter Beweis gestellt. Möglicherweise war dies der letzte Einsatz eines Bandladers in Deutschland. In der Nähe von Plön in der Holsteinischen Schweiz wurde damals ein altes Kiesgrubengelände zur Nutzung als moderne Mülldeponie verwandelt.

Dazu mußten innerhalb von nur zwei Monaten 500 000 m^3 Abraumsande aus Siebrückständen abgetragen und als Basis für eine Abwassserbehandlungsanlage aufgeschüttet und verdichtet werden. Für die ungewöhnlich hohen Transport- und Einbauleistungen zeichnete das Hamburger Erd-, Fels- und Wasserbauunternehmen Josef Möbius verantwortlich.

Weil ausschließlich Sandmassen zu bewegen waren, entschloß sich Firma Möbius zum Einsatz eines selbstgebauten Bandladers, der auf dem Hamburger Betriebshof bereit stand. Über einen Zeitraum von sechs Wochen wurden mit dem Bandlader erstaunliche Tagesleistungen von etwa 15 000 m^3 erzielt!

An einer bis zu 14 m hohen Abbauwand beschickten zwei große Hydraulikbagger mit 5,6 und 6,5 m^3 fassenden Tieflöffeln den Bandlader. Sein 2 m breites Förderband belud eine Flotte von sieben in schneller Folge nachrückenden knickgelenkten Muldenkipper Volvo BM A 35 mit häufig über 35 t Nutzlast – und das stets in nur 30 Sekunden !

Das entspricht „nach Adam Riese" einer Ladeleistung von mehr als 1 t pro Sekunde, was sonst höchstens von Großbaggern im Tagebau erreicht wird, niemals aber von Baumaschinen normaler Größe.

Bandlader bieten bei bestimmten Einsätzen unübertroffene Leistungen – das wußte man auch beim Hamburger Bauunternehmen Josef Möbius und konstruierte einen eigenen Bandlader auf Basis eines größeren Liebherr-Hydraulikbaggers. Die von einem Hafenkran stammende Kabine wurde besonders hoch angeordnet. Der gesamte vordere Bereich des 2 m breiten Förderbandes wird mit Erd- oder Sandmassen bedeckt, so daß nur der Aufnahmeschlitz über dem Band frei bleibt

Inklusive An- und Abfahrt wurden am Möbius-Bandlader Taktzeiten von knappen 45 Sekunden erreicht. Deshalb war der stetig fließende, exakt abgestimmte Muldenkipper-Umlauf äußerst wichtig. Dies stellte hohe Anforderungen an die Baustellenlogistik und die Pflege der Fahrtrassen - kein Problem für eine erfahrene Baufirma wie Möbius.

Zudem durfte keiner der sieben Volvo BM A 35 ausfallen, da dies die Produktion des Bandladers erheblich vermindert hätte. Die 326 PS starken und beladen fast 60 t wiegenden A 35 donnerten mit über 50 km/h Tempo über die Fahrwege und kehrten so innerhalb kürzester Zeit unter den Bandlader zurück. Nur so waren die immens hohen Tagesleistungen mit stündlich rund 70 bis 80 Fahrzeugumläufen zu verwirklichen.

Vielleicht der letzte Bandlader-Einsatz Deutschlands: Der vom Bauunternehmen Josef Möbius selbstgebaute Bandlader belud die in schneller Folge ankommenden Knicklenker von Volvo BM in jeweils etwa 30 Sekunden mit 35 t Sand. Wichtig war hier der reibungslose Betriebsablauf, um die Transportkette der sieben Volvo BM A 35 nicht zu unterbrechen

Pfluglader

Rasant fließende Erdmassen

Pfluglader gehören zu den vernachlässigsten, unterschätztesten und dennoch faszinierendsten Baumaschinen überhaupt. Sicherlich sind das hochtrabende Worte für eine weitgehend unbekannte Maschinengattung. Einsätze von Pfluguladern sind heute so selten geworden, daß ihre frappierenden Vorteile praktisch in Vergessenheit geraten sind.

Welche Baumaschinen, ob Bagger oder Radlader, wären schon wie Pfluglader in der Lage, beispielsweise Bodenentleerer-Sattelzüge mit 140 t Nutzlast in nur 30 Sekunden zu beladen? Das sind absolute Rekordzeiten, die nicht einmal etliche hundert Tonnen wiegende Bagger mit 30 oder 40 m³ Löffel- oder Schaufelinhalt schaffen. Bis heute gibt es keine Bau- und Lademaschinen vergleichbarer Größe, die auch nur annähernd so viel Material pro Sekunde, Minute und Stunde fördern wie Pfluglader.

„Das Großleistungsgerät des gleislosen Erdbaubetriebes ist der nur in USA gebaute Pflugbagger", hieß es 1957 in einem deutschen Fachbuch der Baubranche. „Die von ein oder zwei Raupenschleppern gezogenen bzw. geschobenen Geräte laufen auf Rädern bzw. Rollenketten. Starke Antriebsmotoren von 190 oder 275 PS treiben das 1372 mm breite Förderband mit Geschwindigkeiten bis zu 2,7 m/s an." Gemeint war mit dieser Beschreibung der Euclid Belt Loader, der erste leistungsfähige Pfluglader, der sich deutlich von den kleineren Elevating Gradern unterschied.

Die leistungsfähigsten Pfluglader, die es auch heute noch gibt, werfen mit ihrem schnell laufenden Förderband pro Sekunde rund 1 bis 2 m³ Erde auf mitfahrende Muldenkipper oder Bodenentleerer, was je nach Boden ungefähr 1,8 bis 4 t entspricht! Deshalb kommen Pfluglader auch auf unvergleichliche stündliche Förderleistungen von bis zu 5000 m³ – im Erdbau sind dies bis heute unübertroffene Werte für eine einzelne Baumaschine.

Doch halt, das ist nicht ganz richtig: Eigentlich handelt es sich bei den meisten Pflugladern nämlich um drei Baumaschinen, die fest zu einer Einheit miteinander verbunden sind: Eine schwere Planierraupe zieht den Pfluglader und eine zweite, praktisch untergebaute und daher fahrerlose Planierraupe schiebt. Dadurch werden beide Raupen und der Pfluglader von nur einem Fahrer bedient und dürfen somit auch (fast) als nur eine Maschine gelten.

Vom Elevating Grader zum Pfluglader

Die in Deutschland weitgehend unbekannten Pfluglader entstanden in den vierziger Jahren in den Vereinigten Staaten aus dem Elevating Grader, uns aus dem historischen Kapitel bekannt. In jener Zeit waren Lkw oder Bodenentleerer-Sattelzüge mit etwa 6 bis 10 m³ für den Massentransport sehr populär. Doch größere Bodenentleerer wie die neuen von Euclid mit 13 bis 19 m³ Inhalt konnten zwar wirtschaftlich mit Baggern beladen werden, kontinuierlich fördernde Elevating Grader waren jedoch schon zu klein dafür.

Der Gedanke lag nahe, eine größere, leistungsfähigere Art von Elevating Grader zu entwickeln. Damit begann man bei Euclid schon 1940, doch unterbrach der Zweite Weltkrieg das Projekt. Nur wenige Versuchsexemplare wurden gebaut. Für den Eigenantrieb und besonders für den benötigten Vortrieb reichten Luftreifen wie beim Elevating Grader nicht aus, so daß beschlossen wurde, besser einen Raupentraktor als Zugmaschine vorzuspannen. 1946 wurde die Produktion der „Belt Loader" (Band-Lader) genannten Maschinen bei Euclid in Ohio aufgenommen.

Die Anfänge des maschinellen Erdbaues – und bereits kontinuierlich fördernd: Ein Holt-Raupenschlepper Typ „10 Ton" zieht einen Elevating Grader für ein Bauprojekt bei St. Louis. Aus derartigen Anhängemaschinen entwickelten sich direkt die Pfluglader. Der Antrieb des Förderbandes erfolgte über die Zapfwelle des Raupenschleppers. Welche Erdmassen gefördert wurden, läßt die lange Reihe der für den Abtransport bereit stehenden Pferdefuhrwerke erkennen

„Pflugbagger mit Raupentreckerantrieb beim Beladen von Lastwagen“: Dies ist wahrscheinlich der einzige je in Deutschland gebaute Elevating Grader oder auch Pfluglader. Das rund 7 bis 9 t schwere Gerät befand sich vor dem Zweiten Weltkrieg beim Hersteller R. Diehr aus Stettin noch im Versuchsstadium; weitere Daten oder Einsätze sind leider nicht bekannt

Die berühmten Pfluglader, hier der 9BV, wurden von Euclid eigentlich nur zwischen 1946 und 1957 gebaut, übten aber weltweit starken Einfluß auf die Entwicklung kontinuierlich arbeitender Maschinen aus. Das 1,37 m breite Förderband des 9BV wurde von einem 190 PS starken Zwei-Takt-Motor von Detroit Diesel angetrieben. Ungewöhnlich war der weit nach oben (im Bild nahe des Bandendes) auf 5,8 m Höhe verlegte Lufteinlaß, damit der Motor nicht zu viel Staub ansaugt

Ab 1947 setzte die englische Firma John Laing im englischen Kohletagebau Euclid-Pfluglader BV3 ein. Die 10 m^3 tragenden Bodenentleerer-Sattelzüge, ebenfalls von Euclid, wurden jeweils nur in rund 18 bis 22 Sekunden beladen. Über das Förderband floß also in jeder Sekunde etwa 1 t Abraum! Gezogen wurde der Pfluglader von einer 113 PS leistenden Cat D8

Lange Reihen von Euclid-Bodenentleerern mußten bereitstehen, damit der Pfluglader ständig voll ausgelastet war. Um die unproduktiven Wechselzeiten der Fahrzeuge so kurz wie möglich zu halten, fuhren die Sattelzüge äußerst dicht auf und rückten sofort nach. Gut zu erkennen ist der am Heck des Pflugladers quer eingebaute, 190 PS starke Zwei-Takt-Dieselmotor

Das war taktisch ein sehr vorteilhafter Entschluß, da ein Bandlader für den effektiven Förderbetrieb nach einer ganzen Flotte schneller Bodenentleerer verlangte – die Euclid-Verkäufer freuten sich! Auf der anderen Seite erwuchs dem Bandlader aus dem eigenen Hause Konkurrenz: 1949 präsentierte Euclid mit dem TS-18 für 14 m^3 Inhalt den ersten Doppelmotoren-Scraper der Welt. Über die nächsten Jahre läuteten ausgerechnet diese Scraper und die der Wettbewerber den Grabgesang der Euclid-Pfluglader ein.

Bis Mitte der fünfziger Jahre stieß das Konzept jedoch weltweit auf beachtliches Interesse. Euclid brachte in diesem Zeitraum mehrere verschiedene Pfluglader-Modelle auf den Markt, angefangen mit dem BV3 bis hin zum 10BV und 18BV, die sich oft aber nur in kleinen Details und ihrer Motorisierung unterschieden. Verwendet wurden bei den späteren Versionen bis zu 248 PS starke Detroit-Diesel, von einer Firma, die wie Euclid ebenfalls zu General Motors gehörte.

Elevating Grader in Deutschland?

Auch in Deutschland interessierte man sich für die fortschrittliche amerikanische Lademethode. Lesen wir einmal nach, wie ein Elevating Grader Ende der dreißiger Jahre in einem deutschen Fachbuch beschrieben wurde. Der Elevating Grader wurde dort als „Ladegerät für Lastwagen" bezeichnet, und wir erfahren Erstaunliches über die Vorzüge dieser Maschinen: „Dieses Gerät wird in Deutschland noch nicht hergestellt, ist jedoch in den Vereinigten Staaten vielfach in Gebrauch. Der Lader besteht aus einem kräftigen Fahrgestell, das von einem Raupenschlepper von etwa 50 PS gezogen wird."

„In einfachster Weise besteht das Graborgan der Maschine aus einer kreisrunden Scheibe, die nach dem Mittelpunkt zu gekrümmt ist. Diese Schneide wird gegen den Boden gesetzt und löst pflugscharähnlich einen in Stücken von 400/600 mm abbröckelnden Span vom Boden."

„Die Erdschollen fallen auf ein Transportband. Das Band ist schräg ansteigend angeordnet und fördert das Erdreich in den nebenherfahrenden Lastwagen. Das Gerät ist im ganzen gesehen ebenso sinnreich wie einfach konstruiert. Es ruht auf vier Rädern. Die beiden vorderen sind lenkbar. Das hintere linke ist besonders breit, da es den Schneidwiderstand aufnehmen muß. Doch auch dieses Gerät ist nur bei guter Witterung zu gebrauchen. Dafür aber ist es in der Lage, erstaunliche Leistungen zu erzielen. In höchstens 20 Sekunden ist ein 2,5-t-Schnellastwagen beladen, und man kann sich denken, daß eine recht große Anzahl Kraftwagen dazu gehört, ein solches Gerät so zu bedienen, daß es wirklich ununterbrochen arbeiten kann. Tatsächlich warten hinter dem stetig arbeitenden Gerät immer drei bis vier Lastwagen. Mit der gleichen Regelmäßigkeit, wie wir es etwa von Seilbahnwagen gewohnt sind, laufen die Kraftwagen hintereinander her."

„Die Pflugschar ist kreisrund, damit sie nach Abnützung leicht gedreht werden und somit auf dem ganzen Umfang ausgenutzt werden kann."

„Beide Enden des Bandes, das vordere zusammen mit der Pflugschar, sind getrennt heb- und senkbar. Das Band besitzt eine Breite von etwa 1200 mm. Zum Antrieb dient ein Benzinmotor von etwa 20 PS, dessen Leistung wie stets in USA außerordentlich reichlich bemessen ist. Die Brennstoffpreise spielen für Betriebe dieser Art keine Rolle."

Es sollte (fast) dabei bleiben, daß derartige Geräte in Deutschland nicht hergestellt werden. Immerhin hat sich vor dem Zweiten Weltkrieg ein deutscher Hersteller mit der Entwicklung eines Elevating Graders befaßt.

Erst nach dem Krieg tauchte die Idee wieder auf, so daß 1948 über den wohl einzigen deutschen Elevating Grader geschrieben wurde: „Der Pflugbagger läuft mit einem Gewicht von 7 bis 9 t und einem Kraftbedarf von 75 PS auf Eisenrädern. Die

Als ungewöhnlich leistungsfähige Erdbaumethode wurden die Euclid Belt Loader in der deutschen Fachpresse vorgestellt: „Angehängter Pflugbagger Euclid BV9 mit Raupenfahrwerk und seitlich entladendem Förderband, von einem 150-PS-Raupenschlepper gezogen, beim Beladen eines Euclid-Bodenschütters 38 FDT". Leider kam es bei uns aber nie zu derartigen Einsätzen

Schlicht als „Loader, Bauart Euclid" wurde der Pfluglader 1955 in Deutschland bezeichnet: „Für den Bandantrieb sorgt ein Zwei-Takt-Diesel. Der 27 t wiegende Pfluglader erbringt im Erdbau Ladeleistungen bis 700 m^3/h." Das Bild zeigt den Pfluglader hinter dem damals neuen Euclid-Raupentraktor TC-12, der auch in Deutschland als Planierraupe zum Einsatz gelangte

Ein 12 t wiegender, luftbereifter Pfluglader unbekannter Herkunft mit 120 PS starkem Bandmotor und 1,22 m Bandbreite füllte beim Straßenbau 25 t tragende Bodenentleerer in jeweils nur 51,6 Sekunden auf 28 m Schürfstrecke. Gezogen wurde der Pfluglader von einem 235-PS-Raupenschlepper. Das Schürffeld war fast 250 m lang

deutsche Ausführung befand sich bei R. Diehr, Stettin, noch im Entwicklungsstadium. Das Gerät gräbt mit einer Diskus-Pflugschar Schollen von 10 bis 20 cm Stärke ab und führt sie über ein Förderband besonderen mitfahrenden, geländegängigen Transportfahrzeugen zu; daher ist die Transportweite (meist nicht über 2000 m) nur von der Fahrbahn abhängig. Der Pflugbagger ist das Großleistungsgerät mit bis zu 300 m^3/h Leistung in bindigem, nicht zu schweren Boden ohne größere Steineinschlüsse."

Zum Bild des Elevating Grader hieß es: „Pflugbagger mit Raupentreckerantrieb beim Beladen von Lastwagen" – auch in den vierziger Jahren tat man sich in Deutschland demnach schwer, einigermaßen griffige Bezeichnungen für die hier praktisch unbekannten Elevating Grader zu ersinnen.

Euclid-Pfluglader ernten Weltruhm

Das innovative Konzept, Elevating Grader zum Belt Loader, zum Pfluglader, zu vergrößern, stieß in vielen Ländern auf großes Interesse. So wurden Euclid-Pfluglader bereits ab 1947 im englischen Kohletagebau verwendet. Damals wurde in einer Werkszeitschrift der Erdbaufirma Laing berichtet:

„Zu den neuen Maschinen beim Abtragen von Abraum bei Carrington's Coppice, dem tiefsten Kohletagebau des Landes, gehört der ‚Euclid elevating grader type loader'. Obwohl er sich noch in der Einlaufphase befindet, wurden doch bereits Ladeleistungen von 380 bis 460 m^3 pro Stunde erzielt. Die größte Kapazität liegt bei 1 t pro Sekunde."

Die Bezeichnung in dem Bericht weist darauf hin, wie direkt die Euclid-Pfluglader vom Elevating Grader abstammten. Gezogen wurde der BV3-Pfluglader bei diesem Einsatz von einer 113 PS starken Cat D8, beladen wurden Bodenentleerer-Sattelzüge von Euclid mit jeweils 10 m^3 Ladevolumen. Im echten Dauereinsatz konnte die Ladeleistung sogar auf durchschnittlich 520 m^3/h gesteigert werden.

Ein noch größerer und leistungsfähigerer Pfluglader wurde von Euclid 1953 vorgestellt. Der 9BV wurde von einem 190 PS leistenden Zwei-Takt-Diesel von General Motors angetrieben und konnte stündlich bis zu 920 m^3 schürfen und mit seinem 1,37 m breiten Fördergurt verladen. Die größte Schnittbreite des 9BV lag bei 2,9 m, die maximale Schnitttiefe bei 1,22 m. Zur Bedienung reichte der Fahrer auf dem ziehenden Raupenschlepper. Sämtliche Bewegungen wurden bereits damals hydraulisch ausgeführt.

In den späten vierziger und den fünfziger Jahren entwickelten sich die Euclid-Pfluglader zu leistungsfähigen Ladegeräten, die auf vielen Großbaustellen rund um die Welt eingesetzt und geschätzt wurden. So bewegten sieben Euclid-Pfluglader beim Bau des Garrison-Staudammes in Nord-Dakota innerhalb von sechs Jahren annähernd 80 Mio. m³. Euclid-Pfluglader wurden beim Autobahnbau in New Jersey und Pennsylvania eingesetzt und allein 19 Stück bei großen Autobahnlosen in Ohio.

Eine lesenswerte Beschreibung von Euclid-Pfluglader-Einsätzen findet sich in einem deutschen Fachbuch von 1955: „Der angehängte Pflugbagger ermöglicht ein zügiges Laden, weil die Fahrzeuge seitlich neben das Ladegerät fahren und im Fahren beladen werden können, erfordert aber zur Ausnutzung dieses Vorteils einen sorgfältig organisierten Fahrzeugumlauf. Der Lader braucht wegen des seitlichen Beladens eine Arbeitsbreite von mindestens 9 m und eignet sich nicht für Arbeiten in schmäleren Einschnitten."

„Der Lader besitzt sowohl eine horizontale wie vertikale Schneide und kann den Boden nicht nur waagerecht, sondern auch senkrecht schürfen. Die Breite der horizontalen Schneide kann von 2,9 bis auf 0,9 m reduziert werden, um den Schneidendruck dem jeweiligen Schürfwiderstand anzupassen. Die Schürftiefe reicht bis 0,6 m, kann jedoch meist nur bei entsprechender Vorlockerung des Bodens durch Tiefreißer genutzt werden."

„Pflugbagger sind auf die Zusammenarbeit mit Bodenschüttern abgestimmt. Die längliche Form der Transportgefäße ist besonders günstig für das Beladen durch Pflugbagger. Zum Füllen eines 10-m³-Bodenschütters sind in mittlerem Boden etwa 20 m Schürfweg, zum Beladen eines 35-m³-Bodenschütters 35 m Schürfweg erforderlich."

„Die Längenausdehnung der Schürffläche soll wenigstens so groß sein, daß fünf Wagen beladen werden können, ohne daß der Pflugbagger wenden muß. Die Mindestlänge der Schürffläche ergibt sich also zu etwa 100 bis 150 m. Der Wendekreisdurchmesser der Geräte beträgt 8 bis 14 m; für den Einsatz in hügeligem Gelände sind sie nicht geeignet."

„Der Pflugbagger wird vor allem im Flugplatzbau, zur Abraumbaggerung im Kohlentagebau, zur Baggerung aus langgestreckten Seitenentnahmen, für den Straßenbau und zum Aufschütten von Dämmen, bei denen er das Baggergut unmittelbar neben dem Dammfuß entnehmen und dann sofort auf die Dammkrone entladen kann, eingesetzt. Wo die Verhältnisse günstig liegen, gibt es kein Ladegerät, das leistungsfähiger und wirtschaftlicher arbeitet.

Hürden und Niedergang

Der Betrieb der Pfluglader erforderte einigen Aufwand: Bei rund 25 t Gewicht mußte ein Pfluglader von den größten Raupenschleppern seiner Zeit gezogen werden. Meist waren das entsprechend teure und aufwendig zu transportierende Planierraupen von Allis-Chalmers, Cat, Euclid oder International.

Zudem gab es hier und da Probleme: Die ständige Koordination zwischen Pfluglader und Bodenentleerern war mühsam, zumal der Pfluglader bei jedem Fahrzeugwechsel kurz anhalten und das Ladeband stoppen mußte. Eigentlich für die Ein-Mann-Bedienung konzipiert, stand doch fast bei jedem Einsatz ein zweiter Mann auf dem Pfluglader selbst, um die ankommenden und abfahrenden Bodenentleerer einzuweisen und dem Raupenfahrer weit vorne Zeichen zu geben.

Schließlich verlangte jeder Pfluglader nicht nur eine große Raupe und wegen des Einweisers zwei Mann, sondern auch eine beachtliche Flotte von Bodenentleerern – mindestens acht bis zwölf Stück, abhängig von den Transportdistanzen. Einzusetzen waren Pfluglader nur auf langen und auch recht breiten Erdbaulosen, auch wegen ihrer großen Wendekreise.

Ein weiterer Faktor führte dazu, daß Euclid die Entwicklung und Vermarktung der Pfluglader etwas vernachlässigte: Als General Motors 1953 Euclid übernahm, realisierte das Management, daß die Pfluglader eine ernste Konkurrenz zu den Scrapern von Euclid waren. Scraper erlangten in jener Zeit große Verbreitung.

Statt einen Pfluglader (für vielleicht schon vorhandene Bodenentleerer) zu verkaufen, erschien es attraktiver, den Bauunternehmen gleich eine ganze Flotte neuer Scraper „schmackhaft zu machen". So wurde es schon ab Mitte der fünfziger Jahre zunächst immer stiller um die Pfluglader…

Pfluglader hinter dem „Eisernen Vorhang"

Nach dem Zweiten Weltkrieg bildete sich in der damaligen Sowjetunion eine vielfältige Baumaschinenindustrie. Zahlreiche Fabriken, meist aus dem Landmaschinen-, Lkw-, Traktoren- und Schwermaschinenbau, nahmen auch die Produktion von Baumaschinen auf. Darunter sind viele interessante Entwicklungen wie diesel-elektrisch angetriebene und gefederte Planierraupen, schwere Tagebau-Schreitbagger mit Seil-abgespannten Auslegern und eine bemerkenswerte Neuheit auf der Weltausstellung EXPO in Brüssel im Jahre 1958.

Dort wurde ein 26 t wiegender „Straßenhobel mit Fördereinrichtung" gezeigt, eigentlich aber ein etwas groß geratener Elevating Grader oder besser, ein luftbereifter Pfluglader mit Eigenantrieb. Der 12,7 m lange Pfluglader D-369 sollte nach Werksangaben mit seinem 15 m weit reichenden Bandförderer stündlich bis zu 800 m³ Erde laden können.

Ungewöhnlich war die vergleichsweise leichte Bauweise und das Radfahrwerk. Ob mit vier Rädern die benötigte Vortriebskraft aufgebracht werden konnte, die bei anderen Pfluglader ein oder sogar zwei schwere Planierraupen erzeugten?

Angetrieben wurde der D-369 dieselelektrisch über einen 300-PS-Motor. Da damals die Hydraulik noch nicht so perfekt war, erleichterte der Bordstrom den Antrieb der Förderbandmotoren. Auch alle vier Räder wurden durch Elektro-

Der „Straßenhobel mit Fördereinrichtung“ A-369 für Großbauprojekte wurde 1958 auf der Brüsseler Weltausstellung EXPO vom sowjetischen Maschinenexport präsentiert. Der selbstfahrende Pfluglader war dank seiner Scraper-ähnlichen, 300 PS starken Einachs-Zugmaschine sehr wendig, da er fast auf der Stelle wenden und einen neuen Schnitt ansetzen konnte. Zur Erhöhung der Stabilität wurde die Hinterachse im Betrieb von 2,6 m Spurweite auf 4,5 m austeleskopiert

Das Schnittwerkzeug des sowjetischen A-369, ein Scheibenmesser von 1 m Durchmesser, konnte sowohl für senkrechten als auch waagerechten Schnitt eingestellt werden. Der Bandförderer konnte durch Elektrowinden in seiner Abwurfhöhe verstellt und sogar seitlich etwas geschwenkt werden. Alle Antriebe, auch die der vier Räder, erfolgten (diesel-)elektrisch

Sowjetischer Pfluglader D-264 mit waagerechter Schneide beim Bau des Wolga-Ural-Kanals: Der Pfluglader war auf einem dreiachsigen Anhängechassis mit einer im 90-Grad-Winkel nach oben fördernden Bandbrücke fest verbunden, die oben am Kanalrand von einem weiteren Raupenschlepper gezogen wurde. Dies war ohne jegliche Transportfahrzeuge wahrhaft kontinuierliche Förderung!

motoren angetrieben. Die Höchstgeschwindigkeit war mit 38 km/h beachtlich, damit der D-369 bei Großprojekten auch längere Distanzen auf eigenen Achsen bewältigen konnte.

Ob sich der russische Pfluglader auch in der Baustellenpraxis bewährte, ist leider nicht bekannt. Ein anderer, tatsächlich im Einsatz befindlicher Pfluglader mit beachtlichen Dimensionen wurde in den späten fünfziger Jahren beim Bau des Wolga-Ural-Kanals eingesetzt. Sogar mehrere der von Raupenschleppern gezogenen Pfluglader D-264 sollen dort zum Einsatz gelangt sein. Sie beschickten direkt eine angekuppelte, nach oben führende Förderbrücke.

In den sechziger und siebziger Jahren wurden in der Sowjetunion kleinere, standardisierte Pfluglader entwickelt, auch auf Luftbereifung für vergleichsweise sehr kleine Bauvorhaben und Erdbewegungen. Der sogenannte „Schrapper-Elevator" A-437 auf zwei Lkw-Reifen wog gerade mal 8,3 t und zählt damit zu den kleinsten je gebauten Pfluglader, gewissermaßen der erste Mini-Pfluglader.

Einer der kleinsten Pfluglader überhaupt war der nur 8,3 t schwere „Schrapper-Elevator" A-437 aus russischer Produktion. Die auf zwei Lkw-Reifen fahrende Maschine war in Transportstellung 6,3 m lang, 3,7 m breit und 3 m hoch. Das 6,15 m lange Förderband wurde von einem 75-PS-Dieselmotor angetrieben

Erneuter Anlauf von Euclid

In den sechziger Jahren war in den Vereinigten Staaten alles gigantisch: Gebaut wurde der größte Löffelbagger der Welt, der größte Schreitbagger, der größte Muldenkipper, die größte Planierraupe, der größte Scraper, der größte Raupentransporter, die stärkste Lokomotive, und in entsprechenden Superlativen bewegten sich auch viele spektakuläre Erdbaulose.

1968 mußte sich aufgrund eines Beschlußes des US-Kartellamtes General Motors von Euclid trennen und rief Terex ins Leben. Das Euclid-Management sah sich nach neuen, lukrativ erscheinenden Ideen und Maschinen um. So lag es nahe, daß man sich erneut mit dem eigentlich fabelhaften Konzept des Pflugladers befaßte.

Auf diese Weise entstand 1969 der „BV-II Super Belt Loader", eine mächtige, ohne ziehende Planierraupe immerhin 116 t wiegende Maschine. Der Super-Pfluglader wies beachtliche Dimensionen auf: 26 m Länge, 12,3 m Breite und oben bis zum Bandende 6,7 m Höhe. Mit ziehender und möglicherweise auch schiebender Planierraupe war ein BV-II-Pflugladerzug leicht über 30 oder fast 40 m lang!

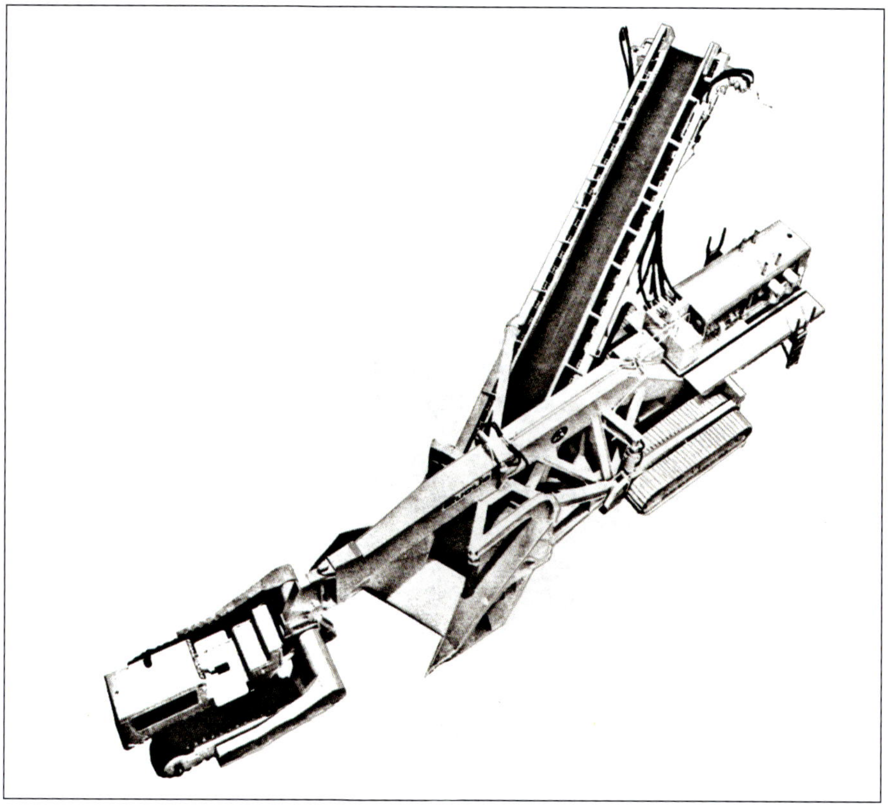

Nach der Trennung von General Motors versuchte Euclid 1969 erneut, einen Pfluglader auf den Markt zu bringen, den mächtigen „BV-II Super Belt Loader", mit 116 t Gewicht die größte je gebaute Maschine dieser Art. Der Treibstofftank für den Motor faßte 1287 Liter; für den Förderbandantrieb wurden 1134 Liter Hydrauliköl von zwei Axialkolbenpumpen umgepumpt

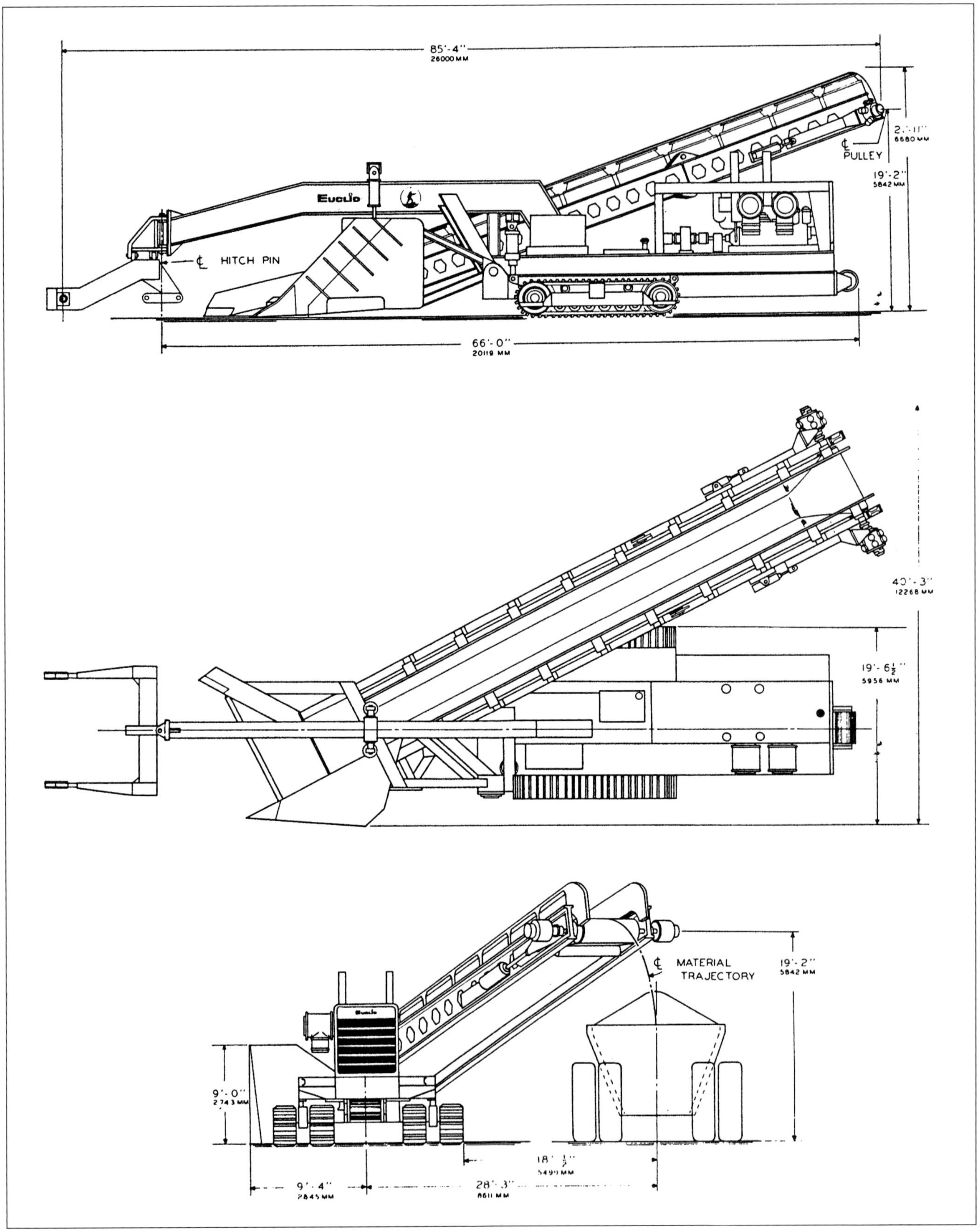

Herausforderung für Modellbauer: Dies sind die Dimensionen des „BV-II Super Belt Loader" von Euclid aus dem Jahre 1969. Die 26 m lange, 12,3 m breite und 6,7 m hohe Maschine wog ohne ziehende und schiebende Planierraupe 116 t. Das einzelne, schräg zur Seite und nach oben führende und von Achse zu Achse 18,3 m lange Förderband wurde von einem 635 PS starken Zwei-Takt-Motor von Detroit Diesel über Pumpen hydraulisch angetrieben

Nur wenige Einsätze des großen Euclid-Pflugladers BV-II wurden bekannt, beispielsweise am San Luis-Damm beim „California Water Project". Das bekannte amerikanische Bauunternehmen Morrison-Knudsen nutzte nicht zum ersten Mal Pfluglader. Die Vortriebsgeschwindigkeit lag hier zwischen 2,5 und 4 km/h, so daß die 91 t (100 sht) tragenden Bodenentleerer B 100 von Euclid während des Beladens sogar oft stehenbleiben konnten

Früher „Holland Loader H 1" mit 4,57 m hoher vertikaler Schneide sowie 12,5 m langem und 1,8 m breitem Förderband, gezogen und geschoben von zwei Raupentraktoren Cat D9G. Auffällig war bei diesem Pfluglader der Flutlichtmast für reibungslosen Nachtbetrieb. Die Holland Loader sind bis heute in vielen Ländern patentiert

„Die Holland Loader der Serie H-1 halbieren die meisten Bagger- und Ladearbeiten!" – dies wurde selbstsicher von der Holland Loader Co. in den frühen siebziger Jahren behauptet. So wurden beim Bau des Perris-Staudammes in Kalifornien mit Pfluglader beim Beladen von 91 t (100 sht) tragenden Bodenentleerern durchschnittlich pro Sekunde 2,1 t geladen! Bild: Archiv Oberdrevermann

Gut zu erkennen ist hier die mächtige Vertikalschneide eines Holland Loader H-1 und die hydraulische Höhenverstellung am Zugrahmen hinter der ziehenden Cat D9G. An der Schneide sind wie bei einem Baggerlöffel auswechselbare Zähne angeordnet, die das Hobeln oder Abschälen der Bodenmassen erleichtern

Bild: Archiv Oberdrevermann

Gewaltige Ladeleistungen pro Sekunde (!) gab die Holland Loader Co. für ihre Pfluglader an, hier ein H-2 mit horizontaler Schneide: in Schiefer 1,9 t, in Ton 2,8 t, in Kies 3,0 t, in Lehm 3,3 t und in feuchtem Sand sogar unglaubliche 4,2 t pro Sekunde. Solche Ladeleistungen waren auch von den Bodenbedingungen und Abbau- bzw. Wandhöhen abhängig

Die Heckansicht dieses Holland Loader H-2 Model 700 verdeutlicht, welche Erdmassen über das seitlich wegführende Abwurfförderband fließen. Der im Vordergrund stehende Arbeiter täuscht über die Größe des 43 t wiegenden Pflugladers hinweg, der hinten immerhin direkt auf die damals größte Cat-Raupe, eine D9G, montiert war. Den Bandantrieb übernahm ein 525 PS starker Cummins-Motor

Bild: Archiv Oberdrevermann

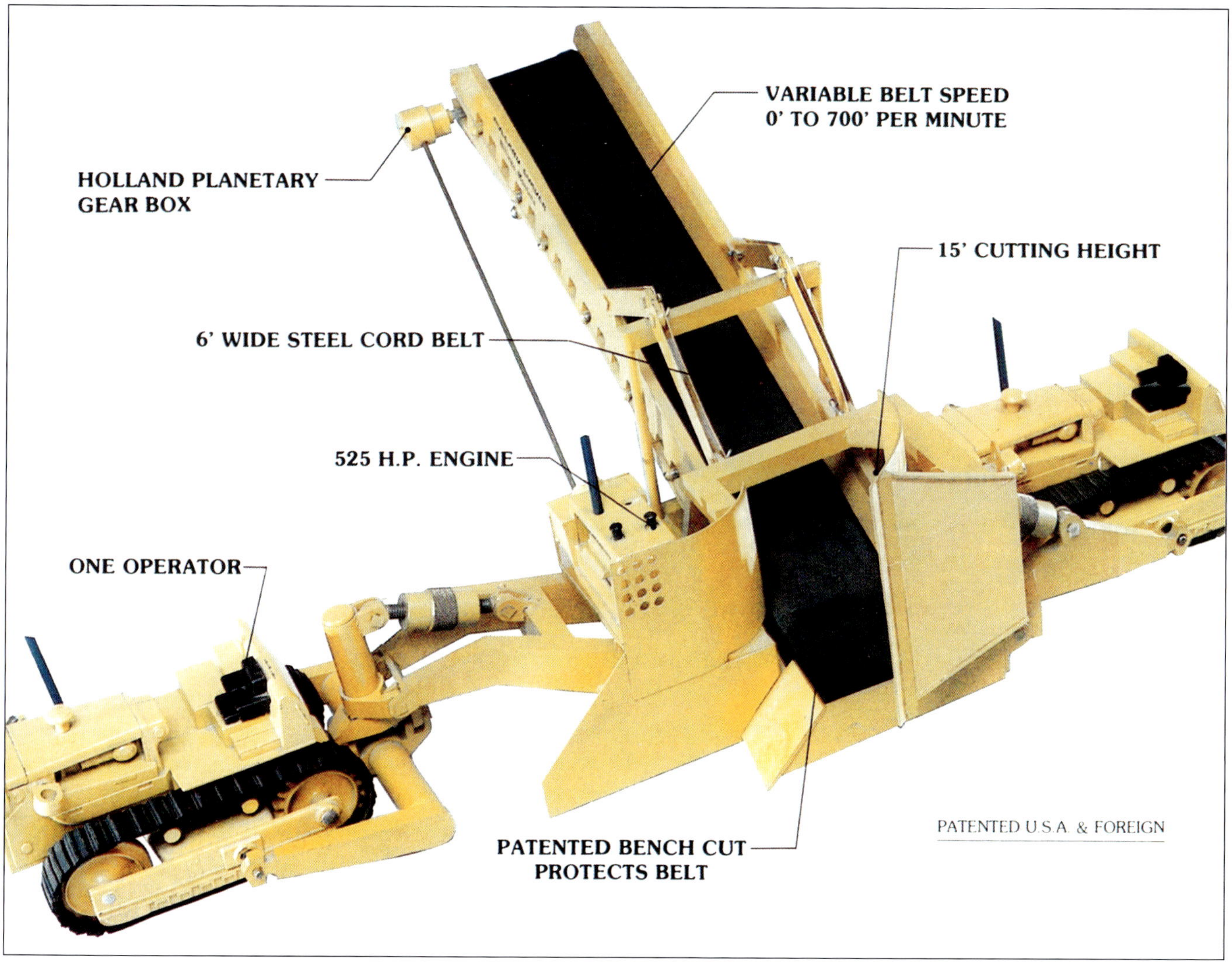

Das Modell des Holland Loader H 1 Model 600 mit vertikaler Schneide zeigt deutlich den klaren, einfachen Aufbau des Pflugladers. Für das auf Messen präsentierte Modell im Maßstab 1:25 verwendete die Holland Loader Co. zwei Planierraupen-Modelle der International TD-25 des US-Modellherstellers Ertl

Drei schwarze Abgaswolken signalisieren, daß hier drei Motoren (Zugraupe, Schubraupe, Pfluglader) mit zusammen 1325 PS anlaufen, damit die Bodenentleerer-Mulde des 45 m^3 fassenden Euclid B-70 in knapp 40 Sekunden randvoll beladen ist. Das ist ein großer Nachteil dieser Art von kontinuierlicher Förderung: Bei jedem Fahrzeugwechsel müssen Förderbänder und Raupen gestoppt werden und erneut starten

Viele Holland Loader wurden auch im Tagebau eingesetzt. Dieses Modell 660 ist eine besonders interessante Variante zur Abraumförderung: Wegen der Bordwandhöhe des Unit Rig „Lectra Haul" Mark 33 mußte das Ladeband sehr lang gestaltet werden. Deshalb wurde neben der schiebenden und tragenden Cat D9G ein weiteres, stützendes und nicht angetriebenes Raupenfahrwerk angeordnet – das die Wendekreise allerdings recht groß werden ließ

Für den hydraulischen Antrieb des mehrschichtigen, 44 mm dicken und 1,82 m breiten Förderbandes sorgte ein 635 PS leistender Zwei-Takt-Motor von Detroit Diesel. Zusammen mit der Motorleistung der ziehenden Planierraupe waren demnach meist über 1000 PS unterwegs.

Ein Pfluglader von der Größe des „BV-II Super Belt Loader" erbrachte im festen Erdreich gewaltige Förderleistungen: Euclid nannte bei kontinuierlichem 60-Minuten-Lauf des Förderbandes 5952 m³/h (die Zahl ist auch als amerikanische Einheit „krumm", nämlich 7785 cubic yard per hour). Solche Zahlen entsprachen natürlich nicht der Praxis, da allein für die Fahrzeugwechsel der Bandlauf ja etliche Male in jeder Stunde unterbrochen wurde und zudem Wendezeiten hinzukamen.

Der „BV-II Super Belt Loader" wurde nur in wenigen Exemplaren gebaut und entsprechend selten eingesetzt. Er war auch in den siebziger Jahren zu groß für viele Projekte und benötigte zu viele andere Maschinen um sich herum. So schien es, daß Pfluglader nun endgültig aussterben würden, doch erfreulicherweise gab es da noch einen ideenreichen amerikanischen Bauunternehmer…

Pfluglader sind Holland Loader

1948 gründete Francis (Mike) Holland im Bundesstaat Montana eine Baufirma. Bereits als Schulkind halfen Mike Holland und sein älterer Bruder beim Bau eines Dammes und eines 1,2 km langen Bewässerungskanals in Billings, Montana. Für die Erdarbeiten zogen vier Pferde einen großen Fresno-Scraper.

Bei den ersten Aufträgen seiner neuen Firma stellte Mike Holland fest, daß die Kombination der damals gerade auf dem Markt gekommenen Euclid-Pfluglader mit Bodenentleerern von keiner anderen

Für den Bau des Interstate 80-Highway nahe Salt Lake City in Utah mußten 25 Mio. t Füllmaterial abgebaut, transportiert und eingebaut werden. Dazu belud ein Holland Loader 600 mit vertikaler Schneide eine Flotte von vierzehn 234 t (260 sht) tragenden Bodenentleerer-Sattelzügen samt Anhänger. Die Maschinen arbeiteten rund um die Uhr, stündlich wurden über 5000 t verladen, also etwa 20 Züge gefüllt. Ein zweiter Holland Loader wurde als Stand-By bereit gehalten

Modifizierter Holland Loader mit 4,6 m hoher Vertikalschneide, getragen, gezogen und geschoben von zwei je 524 PS starken und je 65 t wiegenden Planierraupen HD 41 von Allis-Chalmers, hier beim Test im Wyodak-Kohletagebau in Wyoming, wurden anschließend erfolgreich im Leon-Kohlentagebau in Oklahoma eingesetzt. Durch die vertikale Schneide kann die Schwerkraft sinnvoll genutzt werden, da der abgehobelte Abraum einfach auf das Förderband fällt

Bild: Archiv Oberdrevermann

Beim Bau des Tenn-Tom-Kanals in Mississippi waren 1977 mehrere Holland Loader mit horizontaler Schneide an den Ausschachtungen beteiligt. Typisch ist die lange Reihe wartender Muldenkipper – International „Payhauler" 350C mit 45 t (50 short tons) Nutzlast – um die hohe Ladeleistung möglichst gut nutzen zu können. Jedes Warten und Anhalten des Pflugladers läßt die fließenden Erdmassen versiegen!

Methode zu schlagen war. Seine Baufirma wuchs und wuchs.

Allein in den Jahren 1959 und 1960 wurden von der Firma fast 8 Mio. m³ Erde bewegt – mit Scrapern, Bodenentleerern und inzwischen 14 Jahre alten BV-Pflugladern von Euclid. Im Rahmen dieser Projekte zeichnete sich ab, daß die Betriebskosten neuer Scraper mit 18 m³ Kübelinhalt mehr als doppelt so hoch waren wie die der alten Euclid-Bodenentleerer mit 18 m³ Muldenvolumen, aber bereits mit 50 000 Betriebsstunden „auf dem Buckel"!

Bei zahlreichen Aufträgen zwischen 1961 und 1969 mußte Mike Holland stets wieder hohe Kostendifferenzen verzeichnen: Trotz unterschiedlichster Bedingungen waren Bodenentleerer, die von Pflugladern beladen wurden, um rund 50 Prozent billiger zu betreiben als Scraper oder Bagger und Muldenkipper.

Diese Erkenntnis führte unmittelbar zum Entschluß, die Initiative zu ergreifen und endlich selbst Pfluglader zu bauen. Deshalb gründete Mike Holland 1969 die Holland Loader Co., von der bis heute in Billings die leistungsfähigsten Pfluglader der Welt produziert werden.

Seine „Holland Loader" haben wie auch andere Pfluglader keinen eigenen Antrieb, sondern werden zwischen zwei Planierraupen gespannt, wobei die hintere, stark modifizierte und fahrerlose Raupe auch den Pfluglader trägt. Die komplette Einheit wird daher nur von einer Person in der vorderen Raupe bedient.

Von Anfang an konnten die Holland-Pfluglader entweder vertikal oder horizontal schürfen. Das erste Modell H 1 hobelte mit einer senkrechten, 4,5 m hohen Schneide das Material von einer vertikalen Wand. Dagegen hobelte der H 2 mit einer waagerechten, 3,6 m breiten Schneide wie ein Scraper das Material auf. Das Abwurfband war bei den ersten Holland-Ladern nach links und rechts schwenkbar oder führte beim H 1 von der Abtragkante weg zur anderen Seite.

Je nach Schnittiefe und Material erreichte der H 1 theoretische stündliche Förderleistungen von 2700 bis 8200 m³, der H 2 etwa 2500 bis 5500 m³. Die Zeiten zum Wenden und für die Fahrzeugwechsel reduzieren solche Werte natürlich. Der H 1 konnte mit seiner senkrechten Schneide sogar Material fördern, das mit herkömmlichen Methoden hätte aufgerissen werden müssen. Zum Abhobeln und Verladen von 20000 m³ Erde benötigte eine aus zwei Planierraupen und einem H 1 bestehende Einheit etwa 1200 l Kraftstoff.

Mitte der siebziger Jahre wurde sogar ein Holland Loader mit 4,6 m hoher vertikaler Schneide in Kombination mit zwei Allis-Chalmers-Raupen des Typs HD 41 bei der Leon Coal Co. in Oklahoma eingesetzt. Die Raupen waren mit 524 PS Leistung und 65 t Gewicht damals die größten der Welt. Der Pfluglader trug ein Kohleflöz mit 3 bis 4,6 m mächtigem Abraum ab.

Rund 400 m Schürfstrecke wurden in 15 Minuten bewältigt, einschließlich der unproduktiven Rückfahrt, bei Pflugladern mit vertikaler Schneide ja unvermeidlich (falls nicht auf der gegenüberliegenden Seite während der Rückfahrt ein paralleler Schnitt möglich ist). Stündlich wurden im härteren Material 780 m^3, im weicheren sogar fast 2300 m^3 Ladeleistung erzielt.

Oben: Auch mit hochgesetztem Delta-Laufwerk bewährte sich die neue Cat D9L beim Ziehen eines Holland Loader Modell 700. Am Heck wurde aufgrund der bestehenden Konstruktion weiterhin eine Raupe mit konventionellem Laufwerk verwendet, meist eine gebrauchte Cat D9G. Der Pfluglader belädt hier 108 t (120 short tons) tragende Bodenentleerer, die von Cat 660 gezogen werden

Links: Auch dies war ein Pfluglader, in gewisser Weise sogar ähnlich dem sowjetischen A-369 von 1958 auf vier großen Reifen (siehe „Pfluglader hinter dem Eisernen Vorhang"). Der von Palmer-Richards für die Exportadora de Sal S.A. in Mexiko gebaute Lader wurde von einem 415 PS starken Triebkopf eines Cat-Scrapers 631 gezogen und belud kontinuierlich 380 t (420 short tons) ladende Bodenentleerer-Sattelzüge von Dart in 12 bis 14 Minuten – das sind rund 35 t Salz in der Minute! Zwei weitere Motoren mit je 265 PS trieben die Hydraulik für Förderschnecke und -bänder an. Mit 61 m Länge und drei Bodenentleerer-Anhängern waren die von Dart gebauten Züge die größten des 20. Jahrhunderts

Selbstfahrende Pfluglader von CMI

Einen riesigen, selbstfahrenden Pfluglader konstruierte die US-Firma CMI in den siebziger Jahren. Durch den eigenen Raupen-Fahrantrieb und eine umstellbare vertikale Schneide konnte der CMI „Autovator" in beiden Richtungen arbeiten. Somit ging keine kostbare Zeit für Wendemanöver verloren – die Maschine fuhr nur vor und zurück Bild: Archiv Oberdrevermann

Viel für den Traum, die kontinuierliche Förderung in die Praxis umzusetzen, wurde vom amerikanischen Baumaschinenhersteller CMI unternommen. CMI wird uns ausführlicher im Kapitel über Surface Miner begegnen, denn die ersten Maschinen dieser Art wurden von CMI schon 1974 als erheblich modifizierte Kaltfräsen zum Abtragen von Straßenbelägen gebaut.

Das Konzept der Pfluglader erschien den Konstrukteuren von CMI Ende der sechziger Jahre ausreichend interessant, um daraus neuartige Förder- und Lademaschinen zu entwickeln. Dabei verfolgte CMI ein anderes Prinzip: Die Maschinen sollten über eigenen Fahrantrieb verfügen und mit einer umstellbaren vertikalen Schneide in beide Richtungen arbeiten können, also bei Vor- und Rückwärtsfahrt senkrecht entlang einer Wand schürfen.

Vier solcher CMI-Pfluglader wurden gebaut und beim Kanal- und Dammbau eingesetzt, einer sogar in Kombination mit einer 85 m langen Förderbandbrücke. Für den Einsatz im Kohletagebau tauschte CMI die vertikale Schneide versuchsweise gegen eine rotierende, senkrechte Fräswalze aus, die von einem 250-PS-Motor angetrieben wurde. Geplant waren sogar Fräswalzen mit 600 PS starkem Antrieb.

1972 erblickte die Krönung der Pfluglader, der „Autovator 1000" von CMI, das Licht der Welt, ein 92 t wiegendes und 850 PS starkes Monstrum, das bei bis zu 80 m/min Vortriebstempo mit seinem 1,67 m breiten Förderband mitfahrende

Aus dem großen CMI-Pfluglader „Autovator" entstand Mitte der siebziger Jahre der „Vertical Shearer" (vertikaler Scherer) für die Abraumförderung im Kohletagebau. Spezielle Versionen wurden mit einer hydraulisch angetriebenen, rotierenden und 7 m hohen Fräswalze ausgestattet und förderten so durchschnittlich 2680 m³ pro Stunde

Der „Autovator 1000" von CMI war eine beachtliche Maschine: Zwei Motoren mit zusammen 850 PS trieben hydrostatisch die acht Raupenfahrwerke und das 1,67 m breite Förderband an. Die 13,4 m lange, im Betrieb 14,3 m breite und 6,9 m hohe Maschine wog 92 t und mußte auf vier großen Tieflade-Sattelzügen transportiert werden

Bild: Archiv Oberdrevermann

Bodenentleerer oder Scraper belud. Damit die Schneide stets vertikal schnitt, nivellierte eine Elektronik den Maschinenrahmen durch Hydraulikzylinder an den acht 3,1 m langen und 61 cm breiten Raupenfahrwerken. Das war für die damalige Zeit äußerst fortschrittlich!

Der „Autovator 1000" wurde wie die „Vertical Shearer" nur in wenigen Exemplaren eingesetzt. Das Kerngeschäft von CMI war der Straßenbau, so daß derartige Maschinen vernachlässigt wurden – und schon wenige Jahre später (fast) in Vergessenheit gerieten.

Der italienische Bauunternehmer Umberto Acco konstruierte einen besonderen Pfluglader, der durch ein Vibrationssieb große Steine, Wurzeln und ähnliches von feinkörnigem Material trennt. Das Grobmaterial wird mit einem Band seitlich auf Lkw verladen, das Feinmaterial wird mit einem zweiten Band nach hinten gefördert. Die ziehende Cat D8 erhielt zur Verteilung des Bodendruckes anstelle der Planierraupen-Stegketten von einer Baggerkette Drei-Steg-Bodenplatten

Bild: Francis Pierre/ATM

Die neuen Holland Loader der Serien 600 und 700 erbringen unübertroffene Höchstleistungen. Dieser Holland 610 Loader mit 4,6 m hoher Vertikalschneide wird von einer Cat D10N gezogen und von einer weiteren geschoben, hier beim Abraumeinsatz in einem Kohletagebau in Wyoming. Die Lader der Serie 600 sind mit 2,13 oder 2,44 m breitem Förderband erhältlich und fördern stündlich bis zu 4400 m^3

Bild: Holland Equipment Company, LLC and High Plains Industrial, LLC

Holland-Loader auf Erfolgskurs

Die amerikanischen Pfluglader gehören keineswegs zum „alten Eisen". Im August 2001 gab die Minergy Group aus Denver im US-Bundesstaat Colorado bekannt, daß sie Produktion und Vermarktung der in Billings, Montana, gebauten Holland Loader übernommen habe. Die Minergy Group wurde 1999 von ehemaligen leitenden Managern der ARCO Coal Company gegründet.

In diesem Zusammenhang wurden zwei Firmen ins Leben gerufen, und zwar Holland Equipment LLC für Verkauf, Service und Vermarktung der Holland Loader und High Plains Industrial LLC für die Produktion und die Ersatzteilfertigung. Beide Firmen sind in Billings, Montana, angesiedelt, dem früheren Firmensitz der Holland Construction and Loader Co.

Gegenwärtig werden zwei Serien von Pflugladern angeboten, die Serie 600 mit vertikaler oder horizontaler Schneide und 2,13 oder 2,44 m Förderbandbreite sowie die Serie 710 ausschließlich mit horizontaler Schneide und 2,44 m breitem Förderband. Die überwiegende Zahl der neueren Holland Loader wurden mit zwei Cat D10-Planierraupen bzw. -Raupentraktoren versehen. Die vordere zieht, die hintere trägt den Laderrahmen und schiebt – zusammen sind das 128 t Traktorgewicht und 1178 PS Motorleistung. Hinzu kommt die Leistung der unterschiedlich großen Förderbandmotoren.

Ein stetiger Erdstrom schiebt sich über das 2,44 m breite Förderband eines Holland 710 Loader aufwärts und „fließt in Strömen" in die Bodenentleerermulde der Sattelzüge. Bei einem Straßenbauprojekt in Colorado wurde der 13,4 m lange Pfluglader mit einer ziehenden 64-t-Raupe Cat D10R und einer schiebenden 48-t-Raupe Cat D9R kombiniert. Im Team waren mit den beiden Förderbandmotoren gemeinsam 1775 Pferdestärken fleißig!

Bild: Holland Equipment Company, LLC and High Plains Industrial, LLC

Nicht nur das Ziehen und Schieben, auch der Bandtransport von bis zu 3 t Erdreich pro Sekunde verlangt gehörige Kräfte. Deutlich zu erkennen sind die beiden Motoren des Holland 710 Loader: ein 525 oder 550 PS starker Cummins- oder Detroit Diesel-Motor für das aufwärts führende Hauptband und ein 225 PS starker Cummins-Motor für das seitliche Abwurfband. Der Kraftstofftank faßt 1136 Liter; der durchschnittliche Verbrauch aller vier Motoren der beiden Raupen und des Pflugladers liegt bei rund 1600 Litern pro 20 000 m³

Bild: Holland Equipment Company, LLC and High Plains Industrial, LLC

Im Herbst 2001 arbeitete dieser Holland 710 Loader mit einer ziehenden und einer schiebenden Cat D9L beim Straßenbau in der kalifornischen Mojawe-Wüste.
Trotz der beachtlichen Nutzlast der 91 t (100 sht) tragenden Bodenentleerer mit Cat 772-Zugmaschinen folgten stets zwei oder drei, damit der Förderstrom des Pflugladers nur kurz unterbrochen wird

Bild: Wolfgang B. Kleiner

Die hintere Cat D9L verschwindet fast unter dem wuchtigen Aufbau des Holland 710 Loader mit dem seitlich wegfördernden Beladeband. Das Heck der D9L trägt weder Aufreißer noch Zugeinrichtung, sondern Kontroll- und Schalteinheiten des Pflugladers. Die Fahrerkabine wurde ebenfalls entfernt

Bild: Wolfgang B. Kleiner

In der Seitenansicht wird die beachtliche Größe des Holland 710 Loader deutlich, besonders im Vergleich zur nicht gerade kleinen D9L. Allein das nach oben führende, 2,4 m breite Hauptförderband ist 13,4 m lang, das ebenso breite Seiten-Ladeband 6,1 m. Der Kraftstofftank faßt 1136 Liter, damit der 550 PS starke Detroit Diesel des Pflugladers lange ohne Tankunterbrechungen arbeiten kann

Bild: Wolfgang B. Kleiner

Damit Bodenentleerer schnellstmöglich unter das Abwurfband der Holland Loader fahren können, konstruierte die Firma spezielle Sattelzüge – die einzigen Muldenfahrzeuge, die eigens für den Betrieb mit kontinuierlich fördernden Ladegeräten gebaut wurden!
Der BD 180 hat trotz 181 t (200 short tons) Nutzlast nur 2,7 m Ladehöhe, der höchste Punkt ist der Schwanenhals
Bild: Holland Equipment Company, LLC and High Plains Industrial, LLC

Fast 5 m weit öffnet sich die Bodenentleerer-Mulde des Holland BD 180, damit 100 m³ Ladung innerhalb von Sekunden während schneller Fahrt abzuschütten sind. Der 5,8 m breite Sattelzug wird von einem 1200 PS starken Motor beladen auf bis zu 60 km/h gebracht. Sein Lastschaltgetriebe stammt von Allison, die Differentiale und Planeten-Enduntersetzungen baut Holland selbst

Nach wenig mehr als einer Minute ist die Mulde mit 100 m³, also rund 180 t, gefüllt. So ist verständlich, warum hinter dem Holland 610 Loader gleich zwei Sattelzüge warten: Fast im Minutentakt muß ein leerer Zug nachrücken! Solche Förder- und Ladeleistungen sind nur mit „den etwas anderen Baggern" möglich! Bild: Holland Equipment Company, LLC and High Plains Industrial, LLC

Für den Holland Loader 610 der Serie 600 nennt der Hersteller – wie wir es von Pflugladern gewohnt sind – unvorstellbare Leistungen: So wird ein Bodenentleerer-Sattelzug mit 163 t (180 short tons) Nutzlast in weniger als einer Minute beladen. Dann fließen also in jeder Sekunde fast 3 t Erde über das Förderband in die Mulde. Wendezeiten des Pflugladers und auch die Wechselzeiten der Bodenentleerer eingerechnet, werden stündlich annähernd 4500 m³ gefördert. Bei einem Einsatz in Arizona belud ein Holland Loader 140 t (155 short tons) tragende Bodenentleerer sogar in durchschnittlich nur 30 Sekunden!

Die Holland-Pfluglader bleiben aktuell, besonders in Zeiten, wo viele große Bauvorhaben in kürzester Zeit durchgeführt werden sollen. Auch in der Gewinnungsindustrie bleiben die Leistungen der Holland-Pfluglader attraktiv.

So räumten bis vor drei Jahren gleich sechs Holland Loader des Typs 610 mit vertikaler Schneide in einem Kohletagebau in Kolumbien Abraum ab. Der jetzige Hersteller High Plains Industrial führt derzeit sogar Gespräche mit mehreren führenden europäischen Bauunternehmen über den Einsatz von Pflugladern bei großen Autobahnbaustellen in Osteuropa.

Außerdem wird bei High Plains Industrial erwogen, auch kleinere Holland-Pfluglader zu bauen, die beispielsweise von Planierraupen der Größe Cat D6 bis D8 gezogen werden können. Solche „Mini-Pfluglader" wären nicht nur flexibler einzusetzen als ihre großen Brüder, sondern auch kostengünstiger und einfacher zu transportieren. Insofern bleibt zu hoffen, daß Pfluglader im 21. Jahrhundert nicht aussterben und weiter zu den faszinierendsten Baumaschinen überhaupt zählen werden.

Bunte Vielfalt

Viele, viele Versuche

Obwohl in diesem Kapitel ganze Flotten kontinuierlich arbeitender Förder- und Lademaschinen auftauchen, schlagen wir dennoch einen großen Bogen um all jene Maschinen, die in anderen Kapiteln vorgestellt werden. Das sind Becherwerkslader, Elevating Grader, Pfluglader, Bandlader, kleinere Eimerketten- und Schaufelradbagger, die sogenannten Satterwhite-Bagger und Surface Miner. Wir sehen, die „etwas anderen Bagger" sind also gar nicht so selten...

Da sie jedoch viel seltener als herkömmliche Seil- und Hydraulikbagger oder Radlader sind und waren, fällt es entsprechend schwer, ihre Spuren zu verfolgen. Viele Maschinen wurden nur einmal gebaut, möglicherweise nur als Prototyp – rar sind demzufolge gute Abbildungen und Fotos. Deshalb sollte die oft mangelhafte Bildqualität wohlwollend toleriert werden. Immerhin wird hier „Industrie-Archäologie" betrieben, und da ist jede auch noch so kleine Spur wertvoll!

Beginnen wir in den fünfziger Jahren, als wir im Geschichts-Kapitel die Elevating Grader, Becherwerkslader und anderen kontinuierlich arbeitenden Maschinen verlassen haben. Viele Ingenieure und Techniker grübelten damals über die Entwicklung völlig neuer, kontinuierlich fördernder Baumaschinenkonzepte.

Zu nennen sind hier beispielsweise der Bleichert-Kugelschaufler, die Fischedick- und Stöhr-Becherwerkslader, der Motor-Selbstlader von Linnhoff, der O&K-Fräsradförderer System Rosetz, der Trautmann-Fahrlader sowie der berühmte amerikanische Travelloader, aber auch der sich mit angehobenen Rädern auf Kufen ins Haufwerk schiebende Lorain-Lader mit Hubschaufel und Doppelketten-Kratzerband.

Über einen der wenigen bekannten Einsätze des Bleichert-Kugelschauflers wurde im Mai 1952 berichtet: „Als technische Neuheit wird auf der Baustelle Stalinallee der Kugelschaufler vorgeführt, der der Beseitigung von Schutt und Erdmassen dient." Der aus Köln stammende Kugelschaufler wurde somit anscheinend erstmals in Ostberlin, also in der DDR, eingesetzt. Ob mehrere Kugelschaufler gebaut wurden, ist nicht bekannt

Bild oben: bildarchiv preussischer kulturbesitz

Vom Kugelschaufler zum Schade-Lader

In den frühen fünfziger Jahren wurde sehr vereinzelt über einen eigentümlichen neuen Bagger berichtet, den sogenannten Kugelschaufler der deutschen Firma Bleichert-Transportanlagen GmbH aus Köln. Anscheinend ging die Konstruktion auf eine schon vor dem Zweiten Weltkrieg gebaute Maschine zurück. Übrigens, die Firma verband sich später mit anderen Unternehmen zu Pohlig-Heckel-Bleichert (PHB), daraufhin mit Weserhütte. PHB-Weserhütte wird uns noch in diesem Kapitel mit dem C-Miner begegnen.

Doch verweilen wir zunächst beim Kugelschaufler: „Die Schaufeln des am Ende eines Stahlrohres mit großem Durchmesser angeordneten Schaufelkopfes kreisen um einen Rohrkranz und geben das Fördergut auf ein in dem Rohr angeordnetes Förderband ab. Sämtliche Antriebe übernehmen Einzelmotoren für Drehstrom 380 V mit direkter Einschaltung, wobei alle Arbeitsgänge von einem Führerstand aus bequem über ein besonderes Schaltpult gesteuert werden können", war 1953 aus einer Fachzeitschrift zu erfahren.

Obwohl kontinuierlich und ähnlich wie ein Schaufelradbagger arbeitend, war der Bleichert-Kugelschaufler recht klein und damit auch für Innenstadt-Baustellen geeignet. Er wog nur 9,5 t und stand auf 50 cm breiten Raupen. Stündlich baggerte er je nach Materialart 30 bis 90 m^3 ab und schüttete das Fördergut über ein schwenkbares Heckband in Lkw oder auf Halde.

„Der im In- und Ausland zum Patent angemeldete Fräsrad-Abbauförderer ist eine neuartige, kontinuierlich arbeitende Abbau- und Fördermaschine für Über- und Unter-Tage-Betrieb und geeignet zum Verladen von grobkörnigen Schüttgütern bis 500 mm Stückgröße sowie zum Abbau von gewachsenem Boden mit Gestein." So beschrieb O&K 1959 den „Fräsrad-Abbauförderer FAF System Rosetz", der je nach Material stündlich bis zu 150 m³ förderte

Eine kontinuierlich arbeitende Maschine präsentierte O&K zur Hannover-Messe 1959 mit dem „Fräsrad-Abbauförderer FAF System Rosetz". Leider wurde kein Einsatz bekannt, obwohl das Konzept interessant schien. O&K beschrieb das so: „Das Wesen dieser neuartigen Maschine besteht darin, daß ein horizontal drehendes Fräsrad mit seinem tellerförmig ausgebildeten, verzahnten Radkranz und Armspeichen das Material löst und nach hinten über eine Kratzerkette auf ein vertikal und horizontal schwenkbares Förder- bzw. Kratzband leitet. Von hier aus gelangt das Fördergut weiter zur Verladung in Transportwagen oder über Zwischenbänder zur Aufschüttung auf Halden."

„Das Fräsrad ist auf einem ölhydraulisch in der Höhe verstellbaren Ausleger gelagert. Der um 360 Grad schwenkbare Oberwagen mit dem Fräsausleger ruht auf einem Kugeldrehkranz, der sich auf einen kräftigen Raupenbandunterwagen abstützt. Durch die Vorschubkraft des Unter-

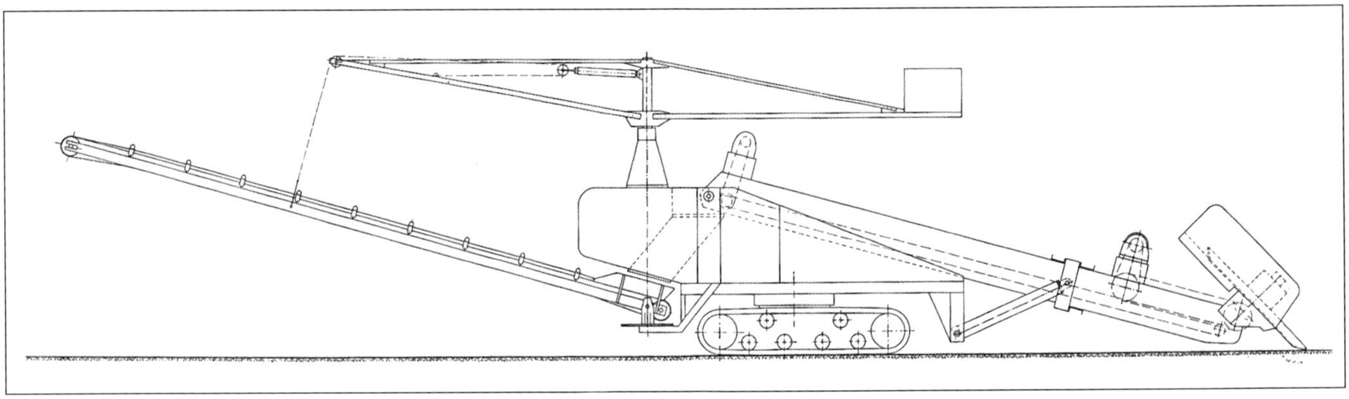

Nur wenig wurde über den „Fräsrad-Abbauförderer FAF System Rosetz" von O&K veröffentlicht. Die Zeichnung zeigt das bis zu 12 m lange, schwenkbare Verladeband, das auf dem Foto der Maschine (noch?) fehlt. Recht simpel hing das Verladeband an einem Schwenkkran samt Gegengewicht. Das Fräsrad hatte 1,8 m Durchmesser, die größte Abbauhöhe wurde mit 3,6 m angegeben

Das „Beladegerät System Trautmann" des VEB Maschinen-Apparatebau Landsberg aus der ehemaligen DDR konnte, abhängig von der Beschaffenheit des Fördergutes, stündlich bis zu 60 t baggern. Erde, Sand, Kies, Splitt, Rohbraunkohle, chemische Erzeugnisse und Düngemittel ließen sich mit dem „Beladegerät" bis zu Korngrößen von 60 mm fördern

Bis auf einen Messeauftritt zur Bauma 1961 in München hinterließ der „Becherwerk-Lader Rapid“ der Firma B. Fischedick Stahlbau KG aus Bottrop keine bleibenden Spuren. Durch das kleine, um 180 Grad schwenkbare Becherwerk konnte der kleine, fast dreirädrige Lader auf 4 m Arbeitsbreite fördern und so stündlich 50 bis 60 m^3 schaffen

Durch die Trennung des grabenden Teils (Löffel bzw. Schaufel) und des abgebenden Teils (Förderband) sollte beim Schade-Lader 1962 das Schwenken eines Löffelbaggers umgangen und eine „semi-kontinuierliche“, pulsierende Förderung ermöglicht werden. Dazu wurde die „Kratz-Schaufel“ einfach so weit nach oben bewegt, bis das Fördergut abwärts nach hinten auf das Schenk-Ladeband rutschte. Eigentümlich ist die hydraulische Abstützung unter dem Ladeband!

Leider gibt es von sehr raren Maschinen manchmal nur sehr schlechte Bilder: Sogar der Baggerhersteller Harnischfeger experimentierte in den sechziger Jahren mit neuartigen Ladekonzepten. Dazu wurde ein P&H-Seilbagger mit einem speziellen, hinten öffnenden Hochlöffel ausgerüstet, der das Material auf ein Förderband schüttete, das entlang des Löffelstiels zum Heck auf ein weiteres Förderband führte

„Lkw werden innerhalb von Sekunden beladen. Das Laden erfolgt wesentlich schneller als mit Radladern, weil es keine unproduktiven Rangierbewegungen der Maschine gibt“, schrieb Adams 1956 stolz über den neuen „TraveLoader“. Neben dem Straßenbau war die 60 PS starke Maschine für die Rückverladung an Halden aller Art bestimmt
Bild: Archiv Oberdrevermann

Der Adams „TraveLoader“ wirkte gut durchdacht und sinnvoll konstruiert. Er war in den fünfziger Jahren in den Vereinigten Staaten so erfolgreich, daß es ihn sogar als riesiges Stahlblech-Spielzeug für die Sandkiste gab! Mit Fünf-Gang-Getriebe und Schaltkupplung flitzte er mit bis zu 43 km/h Tempo über die Straßen
Bild: Archiv Oberdrevermann

Ein Grader schob mit seiner Schar Erdreich in langen Reihen zusammen, der „TraveLoader" nahm es mit Förderschnecke und Schaufel-Kettenförderer auf und belud im Halbminutentakt Lkw. Auf diese Weise wurden etwa 6 bis 12 m^3 pro Minute gefördert – von einer gerade mal 7,6 t „leichten" Maschine mit 60 PS „schwachem" Motor Bild: Archiv Oberdrevermann

Zum Verwechseln ähnlich dem „TraveLoader" war die Fördereinrichtung des „SpeedLoader" von Pettibone-Mulliken, ebenfalls aus den fünfziger Jahren. Weitere Maschinen ahmten das Konzept des „TraveLoader" von Adams nach, auch der „125 HiLoader" von Athey (siehe Kasten)

Beim dreirädrigen, mit 12,8 m recht langen „Gatescavator" von 1961 wurde ein Ausleger um maximal 3,5 m vor- und zurückbewegt. Die so gefüllte 1,15-m^3-Schaufel kippte das Material auf ein Förderband, das oben über den Ausleger verlief und das Fördergut auf ein hinteres, schwenkbares Ladeband brachte

Bei durchschnittlich 7,6 m Vorschubtempo in der Minute trug der „Mass Excavator" von Rahco auf 7,9 m Breite und 1,5 m Tiefe den Kanalaushub ab. Auf diese Weise wurden in Kalifornien Ende der sechziger Jahre stündlich zwischen 900 und 3800 m^3 abgetragen, also oft weit mehr als 6000 t pro Stunde – oder knapp 2 t in jeder Sekunde

wagens wird das drehende Fräsrad in das abzubauende Material eingedrückt, wobei die rotierenden Schneidzähne das Ladegut lösen und durch die am Fräsrad vorgesehenen Radarme mitnehmen."

Der „Fräsrad-Abbauförderer FAF System Rosetz" verschwand ebenso schnell wieder wie er auftauchte, denn schon Anfang der sechziger Jahre senkte sich Schweigen über das „System Rosetz". Dafür stellte der VEB (Volkseigener Betrieb) Maschinen-Apparatebau Landsberg auf der Leipziger Frühjahrsmesse 1960 das „Beladegerät System Trautmann" vor.

Mit zwei gegenläufigen Schnecken förderte das Beladegerät, später auch etwas irreführend als Fahrlader bezeichnet, das Material direkt auf ein Förderband mit schwenkbarer Schurre zum Abschütten. Der Trautmann-Lader fuhr je nach Ausführung auf Luftreifen oder vorderem lenkbaren Reifenpaar und hinteren Raupenfahrwerken und war wahlweise elektrisch oder dieselelektrisch angetrieben.

Auf gänzlich andere Weise versuchte 1962 die Dortmunder Maschinenfabrik Gustav Schade, das Problem der kontinuierlichen Förderung in den Griff zu bekommen. Beim Schade-Lader sollte die diskontinuierliche Arbeitsweise eines Hochlöffelbaggers mit einem neuartigen Ausleger umgangen werden. Der knickbare Ausleger war oben wie eine Schüttrinne (Schurre) gestaltet.

Wurde das mit Zähnen bestückte „Löse-Werkzeug" des Laders, auch „Kratz-Schaufel" genannt, an der Wand oder im Fördergut nach oben bewegt und so wie ein Tieflöffel gefüllt, füllte sich gleichzeitig auch die Schurre des vorderen Auslegerteils. Ab einer gewissen Neigung rutschte das Fördergut abwärts und nach hinten auf den feststehenden Auslegerabschnitt und von dort auf ein schwenkbares Beladeband.

Das Konzept war durchaus interessant, wurde doch so das unproduktive und zeitraubende Schwenken jedes Baggers völlig vermieden. Ausleger und „Kratz-Schaufel" wurden nur hydraulisch an der Wand auf- und abbewegt. Als Zusatzgeräte waren sogar Greifer, Schleppschaufel und Tieflöffel erhältlich, doch ist leider nicht klar, wie der Schade-Lader damit gearbeitet haben soll.

Auf ähnliche Weise wie beim Schade-Lader wurde in jener Zeit auch beim berühmten amerikanischen Baggerhersteller Harnischfeger versucht, einen speziellen, hinten öffnenden Hochlöffel eines P&H-Seilbaggers mit einem auf dem Löffelstiel nachgeschalteten Bandförderer zu verbin-

Der „Mass Excavator" ME-2000 von Rahco wurde leider nur in einem Exemplar gebaut. Besonders beeindruckend war die mitfahrende, oben an den beiden großen Stützrädern ebenfalls dieselelektrisch angetriebene Förderbandbrücke von 46 m Länge. Die gesamte Anlage, also „Mass Excavator" und Brücke, wurde von einem Mann bedient

Schwierig aber wurde es, wenn der „Mass Excavator" das Ende einer Ausschachtungsstrecke im auszubaggernden Kanalbett erreicht hatte: Das Wenden mit der am Heck montierten Bandbrücke war nicht einfach und verlangte viel Zeit

den. Die Versuche führten nicht zu befriedigenden Resultaten und wurden wieder eingestellt.

Vom Reise-Lader zum Massen-Bagger

Allerlei vielversprechende und sehr interessante Maschinenkonzepte reiften in den fünfziger und sechziger Jahren in den Köpfen amerikanischer Konstrukteure. Einen beachtlichen Bekanntheitsgrad erlangte ab 1956 der „TraveLoader" von Adams, der nach der Firmenübernahme noch für einige Jahre von LeTourneau-Westinghouse gebaut wurde. „Travel Loader" könnte mit Reise-Lader übersetzt werden; die beiden Wörter wurden zu „TraveLoader" zusammengezogen.

Die 8,6 m lange und 7,6 t schwere Maschine fuhr auf vier Luftreifen und war dank 2,44 m Breite straßentauglich. So war der „TraveLoader" auch in erster Linie für den Straßenbau, für Verbreiterungen und zum Schneeräumen bestimmt. Da zu beladende Lkw einfach hinter dem „TraveLoader" fuhren, wurde für alle Ladearbeiten nur eine Fahrspur benötigt. Das klappte damals auch ohne die heute so modernen Kurzheckbagger bestens!

Der „TraveLoader" wurde leider von LeTourneau-Westinghouse und später von Wabco (Westinghouse Air Brake Co.) stark vernachlässigt, da man sich im Unternehmen auf Scraper und Muldenkipper konzentrierte. In den fünfziger Jahren versuchten einige Firmen mehr oder weniger erfolgreich, das Konzept zu kopieren.

Wenig Erfolg war beispielsweise dem „SpeedLoader" (zu übersetzen mit „Geschwindigkeits-Lader") von Pettibone-Mulliken beschieden, umso mehr dem „Force-Feed-Loader" von Athey. Er sollte sogar zu einem Weltrekord führen, nämlich der am längsten produzierten Baumaschine der Welt (siehe Extrakasten in diesem Kapitel).

Benannt nach seinem Erfinder Lee Gates aus Portland im US-Bundesstaat Oregon, wurde 1961 in der amerikanischen Fachpresse der „Gatescavator" vorgestellt. Die Bezeichnung wurde aus dem Namen Gates und dem englischen Wort für Bagger „excavator" gebildet. Als Ladeeinrichtung trug der „Gatescavator" einen hydraulisch betätigten Ausleger, der gehoben und gesenkt und um 3,5 m vor- und

Die Raupenbandlader von Liebherr

Die sechziger und siebziger Jahre waren die Zeit der großen Erdbaulose und der Scraperflotten. Nun konnte die Liebherr Hydraulikbagger GmbH aus Kirchdorf an der Iller aber – wie alle deutschen Hersteller – keine Scraper bieten (und Hydraulikbagger waren damals noch längst nicht so verbreitet wie heute).

So zielte die Entwicklung des neuen „Raupenbandladers" RB 300 von Liebherr 1971 direkt auf die Scraper-Konkurrenz: „So war das bisher: Sie haben ein Schürfkübelfahrzeug, das aus zwei Teilen besteht. Aus dem Schürfaggregat und aus dem Transportmittel. Beim Schürfen schleppen Sie die eine Hälfte unnütz mit, beim Transportieren die andere", teilte Liebherr zur Präsentation der neuen Maschine auf der 16. Bauma in München mit.

Weiter hieß es: „Das alles wäre halb so schlimm, wenn das Schürfen nicht sehr viel teurer wäre als das Transportieren. So kamen wir auf die Idee des Raupenbandladers RB 300. Wir haben einfach das Schürfaggregat vom Transportmittel getrennt. Damit ersparen wir Ihnen den Nutzungsausfall des kostenintensiveren Schürfaggregates auf der Fahrt zwischen Schürf- und Entleerstelle. Den Transport des Erdreichs überlassen wir dem billigeren Lkw."

„Ein völlig neues Gerät für eine völlig neue Technik: Schürfen und Beladen in einem." – So stellte Liebherr 1971 den neuen „Raupenbandlader" RB 300 vor, der beim flächigen Bodenabtrag Leistungen zwischen 350 und 400 m³ erzielen sollte. Das Material wurde durch eine 2,75 m breite Schürfschneide aufgenommen

zurückbewegt werden konnte. Am vorderen Ende dieses Auslegers befand sich eine 1,15 m³ fassende Lade-Kippschaufel.

Auf dem Ausleger lag ein 920 mm breites Förderband, das von der Lade-Kippschaufel beschickt wurde. Das Ausleger-Förderband brachte das Fördergut auf ein um 180 Grad schwenkbares Beladeband am Heck der Maschine. Der vollhydraulische „Gatescavator" wurde von einem 270-PS-Dieselmotor angetrieben und soll mit durchschnittlich 230 m³ beträchtliche stündliche Förderleistungen erzielt haben. Dennoch hörte man auch vom „Gatescavator" nie wieder…

Ganz andere Dimensionen wies ein kolossales kontinuierlich arbeitendes Fördergerät auf, das die amerikanische Firma R. A. Hanson Co. (abgekürzt Rahco; wir werden der Firma in diesem Kapitel noch zweimal begegnen) 1968 für den Kanalbau entwickelte. Die Maschine namens „Mass Excavator" (Massen-Bagger) war für das „California Aqueduct", ein gigantisches Projekt zur Trinkwassersicherung der Großstädte San Francisco und Los Angeles, bestimmt. Das Projekt umfaßte den Bau mehrerer großer Staudämme und das Ausschachten zahlreicher, insgesamt 626 km langer Kanäle mit bis zu 15 m Tiefe und an der Sohle 8 bis 30 m Breite.

Alles am „Mass Excavator" ME-2000 war ungewöhnlich, sogar das Fahrwerk: Die in der Mitte knickgelenkte Maschine fuhr auf vier großen Rädern mit Zwillingsbereifung, also auf acht Reifen. Fünf Dieselmotoren mit 1200 PS Gesamtleistung trieben die zahlreichen Förderbänder und die Räder dieselelektrisch an. Hier folgte Rahco übrigens dem Konstruktionsprinzip von R. G. LeTourneau, das zu jener Zeit in den Vereinigten Staaten in aller Munde war.

Der „Mass Excavator" schnitt bei jedem Übergang mit seiner frontseitigen Förderschnecke einen 7,9 m breiten und 1,5 m tiefen Streifen. Die dabei geförderten Aushubmassen wurden von einer mitfahrenden Bandbrücke seitlich in 46 m Entfernung am Kanalrand kontinuierlich als Schutzdeich angeschüttet. Die Bandbrücke war am Heck mit dem „Mass Excavator" verbunden. Leider wurde nach der Fertigstellung des „California Aqueduct" kein weiterer „Mass Excavator" mehr gebaut.

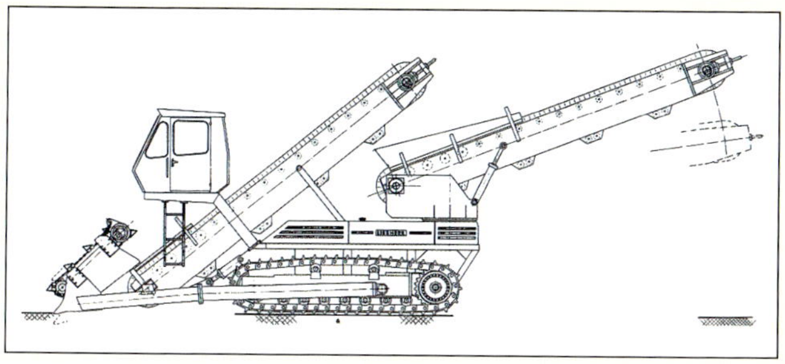

Das waren die drei Arbeitsorgane des insgesamt 13,2 m langen Liebherr RB 300: hydraulisch höhenverstellbare Schürfschneide mit 1,7 m breitem Zweiketten-Steg-Elevator, Übergabe auf ein 2 m breites Förderband, erneute Übergabe auf ein zu beiden Seiten um je 90 Grad schwenkbares, ebenfalls 2 m breites und höhenverstellbares Beladeband

„Auf diese Weise gibt es keine Stillstandzeiten. Nicht beim Schürfen, nicht beim Transportieren. So ist das ab heute", wurde in großer Überzeugung behauptet. Doch es kam anders: Der RB 300 wurde keine Konkurrenz für die unbeirrt emsig hin- und herflitzenden Scraper – und verschwand schon bald wieder.

Sogar den Elevator des RB 300 verglich Liebherr mit Schürfzügen: „Die Verwendung derartiger Elevatoren ist seit 1964 aus dem Scraperbau bekannt. Sie vermindert den Stauwiderstand im Materialaufnahmeraum und setzt damit die benötigte Vortriebskraft der Maschine beträchtlich herab. Der Raupenbandlader arbeitet deshalb auch auf schwierigen Böden ohne Schubraupe."

Von echten Einsätzen des „Raupenbandladers" RB 300 wurde leider nie berichtet. Der stufenlos zwischen 0,6 bis 1,5 km/h fahrende RB 300 wurde vollhydraulisch angetrieben, im Unterwagenheck steckte ein 312 PS starker, luftgekühlter Deutz-Motor F12L 413V mit zwölf Zylindern.

Der 32 t schwere „Raupenbandlader" RB 300 fuhr auf einem Traktorenlaufwerk; alle Antriebe erfolgten hydrostatisch. Dabei paßte sich schon damals die Vortriebsgeschwindigkeit dem Grabwiderstand an der Schürfschneide an

Scraper-Prototyp und „Continuous Loader“

Nur einmal gebaut wurde dieser „Excavator Loader“, denn er basierte auf einem 635 PS starken, dreiachsigen Versuchs-Scraper von LeTourneau-Westinghouse (Wabco) mit Elevator-Selbstbeladung. Von einem Bauunternehmen wurden ein 10,7 m langes Förderband und dazu ein weiterer Motor eingebaut, so daß die Maschine pro Minute fast 40 m³ Erde fördern und verladen konnte

Liebherr blickte bei der Entwicklung des Raupenbandladers RB 300 auf die Elevatoren selbstladender Scraper. Welche Möglichkeiten derartige Elevatoren – die ja auch mit dem Elevating Grader eng verwandt sind – für kontinuierlich arbeitende Förder- und Ladegeräte bieten, erkannte Ende der sechziger Jahre auch ein amerikanischer Bauunternehmer.

Deshalb wurde ein Elevatorscraper mit einem weit ausladenden seitlichen Beladeband und einem weiteren Motor für den Bandantrieb ausgerüstet. Interessant dabei ist, daß ausgerechnet dieser Scraper weder in Prospekten noch im Gesamtprogramm auftaucht, handelte es sich doch um einen bei LeTourneau-Westinghouse (später Wabco) für den Versuchseinsatz im Tagebau konstruierten Prototyp. Das Bauunternehmen erwarb den Scraper günstig und modifizierte ihn in der eigenen Werkstatt.

In den mächtigen, weil 32 m³ fassenden Kübel des dreiachsigen Wabco-Prototyps wurde ein 1,52 m breites und 10,7 m langes Förderband eingebaut. Der auf diese Weise entstandene, kontinuierlich arbeitende „Drei-Achs-Sattelzug“ konnte nun 38 m³ Erde pro Minute in nebenherfahrende Bodenentleerer laden, so beim Ausbau des Flugplatzes von Phoenix in Arizona. Bei jedem Durchgang hobelte der umgebaute Scraper einen 3,5 m breiten und fast 30 cm tiefen Einschnitt. Leider aber waren seine Leistungen zu gewaltig: Mangels großer Erdbaulose mußte er die Folgejahre tatenlos verbringen.

Endlich begegnet uns nun eine Maschine mit einer vernünftigen Bezeichnung: Zu Beginn der siebziger Jahre präsentierte die amerikanische R. A. Hanson Co. (Rahco), uns bereits vom „Mass Excavator“ bekannt, den neuen „Continuous Loader“ Typ 512 T (übersetzt heißt das einfach „kontinuierlicher Lader“). Ursprünglich wurde der 512 T zum wirtschaftlichen Verfüllen langer und tiefer Pipelinegräben entwickelt. Ab 1975 bewährten sich zwölf 512 T unter schwierigsten Bedingungen beim Bau der Alaska-Pipeline. Im Rahmen dieser Arbeiten zeigte sich, daß der 512 T auch durchaus für andere Aufgabenbereiche geeignet war.

Gleich zwölf „Continuous Loader“ 512 T von Rahco wurden ab 1975 zum Verfüllen langer Rohrgräben bei der Alaska-Pipeline eingesetzt. Das Material konnte dank des jederzeit hydraulisch schwenkbaren sowie heb- und senkbaren Abwurfbandes genau abgeschüttet werden. Der 512 T förderte problemlos alle lockeren Schüttgüter wie Erde, Sand oder Kies

Der Rahco 512 T wurde für die Einsätze in der Eiseskälte von Alaska ausgiebig getestet, besonders für das Abtragen und Fördern gefrorenen Materials. Vergleichsweise schmal wirken die Raupenfahrwerke hinter der je nach Einsatz 3,1 bis 4,9 m breiten Fördereinrichtung. Das versuchsweise auf 45 Grad steil gestellte Förderband lief mit bis zu 259 m/min Tempo und konnte daher Material im großen Bogen abwerfen

Vor den beiden Raupenketten des 512 T förderte eine Trommel mit aufgeschweißten schraubenförmigen Blechen das Erdreich einem schaufelradähnlichen Mittelteil zu, von wo es über ein Zwischenband dann zum 180 Grad schwenkbaren und höhenverstellbaren Abwurfband gelangte. Ein 218 PS starker Zwei-Takt-Motor von Detroit Diesel trieb den 512 T schon damals hydrostatisch an.

Weil die Trommel das Material in einer großen Breite von 4,9 m aufnahm, war die Vortriebsgeschwindigkeit des 512 T recht gering, sie betrug nur etwa 6 m/min. Muldenkipper konnten so während des Beladevorgangs leicht aufrücken, die Koordinierung von Ladegerät und Fahrzeug erfolgte dadurch problemlos. Für den 512 T waren sogar diverse Zusatzausrüstungen lieferbar, zum Beispiel Steilabwurfbänder, unterschiedliche Trommelbreiten und -arten sowie eine automatische Niveaukontrolle.

Wenige Jahre später baute Rahco zudem einen eigenartigen kleinen Schaufelradbagger auf zwei hydraulisch in der Höhe verstellbaren Raupenfahrwerken. Das 3,6 m breite, in der Maschinenmitte angeordnete Schaufelrad baggerte einen 1,5 m tiefen Einschnitt und förderte so stündlich über 600 m^3. Durch diese Bauweise konnte der Bagger in beiden Fahrtrichtungen arbeiten, es gab also keine unproduktiven Wende- oder Rückfahrzeiten.

Neben Ton und Lehm konnte der Rahco 512 T auch Kohle fördern, hier in einem amerikanischen Tagebau beim Beladen eines seltenen Euclid R-105, mit 95 t Nutzlast einer der größten knickgelenkten Muldenkipper der Welt. Da der Kipper rückwärts mitfuhr, scheint es Probleme mit der Geschwindigkeitsabstimmung gegeben zu haben, wie das Häufchen auf dem Muldendach zeigt

Der eigentümliche Rahco-Schaufelradbagger von 1976 wurde von zwei Cat-Motoren hydraulisch angetrieben, ein Motor für das Schaufelrad, einer für Fahr-, Band- und Nivellierbewegungen. Sein Schaufelrad hatte 4,3 m Durchmesser und befand sich zentral in der Maschinenmitte. Dadurch konnte der Bagger in beiden Fahrtrichtungen arbeiten. Die Maschine wurde mehrfach modifiziert und beim Abbau von Bauxit nahe Gramercy in Louisiana eingesetzt

Der Name „Earthmill" sagte viel über die Funktionsweise des MH-1250 der englischen Firma Muir-Hill: Ihr Schneidkopf löste und zerkleinerte Erdreich, Kohle, Asphalt und verschiedene Böden wie eine Mühle. Das Material wurde von einem 7,7 m langen, 2,4 m breiten Förderband auf ein um 180 Grad schwenkbares, 4,8 m langes Entladeband gebracht. Die 22,5-t-Maschine fuhr hydrostatisch angetrieben bis zu 24 km/h schnell

Das gebaggerte Material wurde seitlich auf ein parallel zum Baggerschnitt führendes Förderband übergeben. Dieses Förderband stand auf zahlreichen Raupenfahrwerken und konnte auf diese Weise bei jedem weiteren Schnitt im gleichen Abstand parallel zu dem kleinen Rahco-Schaufelradbagger angeordnet werden. Durch damals äußerst moderne Laserführung bewegte sich das Band automatisch im konstanten Abstand neben dem Rahco-Bagger.

Von der Erdmühle zum Drehflügellader

Auf eine außerordentlich interessante Konstruktion stoßen wir 1980 in England. Dort präsentierte der traditionsreiche Baumaschinenhersteller Muir-Hill (Erfinder der Dumper, sehr frühe Radlader) die MH-1250 „Earthmill", zu deutsch Erdmühle. Übrigens gehörte Muir-Hill damals zu Babcock, dem früheren Lizenzhersteller amerikanischer Marion-Bagger in England.

Die „Earthmill" fand ihren Weg bis nach Norddeutschland: 1980 trug die Maschine vier Monate lang alten Gleisschotter bei Hannover ab. Die durchschnittlichen Ladeleistungen lagen bei über 300 t Schotter pro Stunde. Einmal füllte die „Earthmill" 68 Eisenbahnwaggons mit je 15 t Nutzlast in nur 2 1/2 Stunden – das war mehr als fünfmal so schnell wie mit konventionellen Methoden!

Links: Mit der ursprünglich zusammen mit der Armee entwickelten „Earthmill" wurden zahlreiche Testreihen gefahren, so daß sich die Schneidköpfe stark unterschieden: Die Zahnform und -anzahl wurde dem zu fördernden Material angepaßt. In Lehm konnte die „Earthmill" sogar bis zu 1,5 m tief schneiden. Der Schneidkopf wurde von einem 400-PS-Cummins-Motor hydrostatisch angetrieben

Hier hieß die „Earthmill" nun schon „Rotaminer", und entsprechend der zu erwartenden Aufgaben im Tagebau wurden Förderleistung und Bandbreiten vergrößert. Beide Achsen waren angetrieben; gelenkt wurden nur die Hinterräder. Durch vier Hydraulikzylinder an den Rädern konnte die Neigung der Maschine verstellt werden

Fast bedrohlich wirkte der „Drehflügellader" WL 300 von SBM Wageneder mit seinen beiden patentierten Reiß- und Förderköpfen, auch Ladesterne genannt, die mit rund 10 U/min rotierten und das gelöste Material einem robusten Kratzerkettenband zuführten. Bis zu 10 m³ wurden so pro Minute abgetragen und gefördert

Die 22,5 t wiegende, auf vier Luftreifen fahrende Maschine wurde mit dem Slogan „Tomorrow's Earthmovers Today" (Heute die Erdbeweger von Morgen) vorgestellt. Ursprünglich wurde die „Earthmill" von Muir-Hill gemeinsam mit dem britischen Military Vehicles Engineering Establishment für die Armee entwickelt. Anschließend wurden mehrere „Earthmills" in verschiedenen Bau- und Tagebaueinsätzen getestet.

Die „Earthmill" förderte stündlich bis zu 600 m³. Vorne trug die mit Abwurfband 10,2 m lange Maschine einen Schneidkopf mit 1,2 m Durchmesser, der mit 80 bis 100 U/min rotierte und dessen Zähne sogar festeres Material lockerten, zerkleinerten und aufnahmen. Der Schneidkopf fräste das Material auf 2,6 m Breite mit bis zu 0,46 m Schnittiefe ab. Mit einer Zusatzeinrichtung waren auch bis zu 1,5 m Tiefe möglich.

Ein um 180 Grad schwenkbares Band warf das Fördergut in 3,9 m Höhe ab. Die hydrostatisch angetriebene „Earthmill" fuhr beim Schneiden bis zu 45 m/min schnell und konnte sogar auf bis zu zwanzigprozentigen Neigungen arbeiten. Sogar Asphalt wurde von der 400 PS starken Maschine bei 7 m/min Vortriebstempo 90 mm tief aufgefäst.

Schon wenige Jahre später, Ende 1981, verschwand der Traditionsname Muir-Hill von der „Earthmill", die bei Babcock nun „Rotaminer" genannt wurde. Mit der Bezeichnung wurde versucht, sich Zugang in den Tagebau zu verschaffen, besonders in den britischen Kohletagebau. Tatsächlich wurde der „Rotaminer" zu Testzwecken vom National Coal Board (NCB) in einem solchen Tagebau in Nordengland eingesetzt. Schon damals wurde die gleichförmige Korngröße der zerkleinerten Kohle gelobt, die das Nachbrechen vor der Lieferung in Kraftwerke erübrigte. Dieser Vorteil derartiger Maschinen wird uns erneut im Kapitel über Surface Miner begegnen.

Ein gänzliches anderes Konstruktions- und Funktionsprinzip wurde 1983 beim neuen „Drehflügellader" WL 300 der österreichischen Firma SBM Wageneder verfolgt. Die mit ihrem großen Abwurfband 15,5 m lange Maschine besaß vorne zwei patentierte Drehflügel mit starker Reißkraft, die auch festes Material lösen und brechen konnten.

Das gerissene Material wurde von den beiden Drehflügeln auf ein Kratzerkettenband gefördert, das das Fördergut auf ein um 180 Grad schwenkbares Abwurfband übergab. Die Dauerleistung des elektrisch oder durch einen Dieselmotor angetriebenen WL 300 wurde mit stündlich 300 m³ angesetzt, bei günstigem Fördergut und eingespielter Bedienung sollen sogar bis zu 600 m³/h möglich gewesen sein. Das Material wurde auf einer Breite von genau 3 m abgetragen.

Hauptsächlich war der „Drehflügellader" als Rückverladegerät für den Haldeneinsatz vorgesehen. Einsätze in Kies- und Sandgruben waren jedoch ebenfalls möglich. Zum Beispiel förderte der „Drehflügellader" auch Kies bei Temperaturen unter 0 Grad Celsius mit einer stündlichen Leistung von 480 t, außerdem Erze und Kalkstein bis 300 mm Korngröße, Schotter und generell alles fein- und grobstückige Haufwerk mit Korngrößen bis zu 500 mm, also auch Sand, Salz und Bauxit.

Der „Drehflügellader" war in erster Linie für das Rückverladen von Halden bestimmt, sollte aber auch in Kies- und Sandgruben arbeiten. Die geräumige, schallisolierte Kabine bot „gediegenen Bedienungskomfort". Zudem wurde betont, daß es keine Schwenkbewegungen der Kabine wie bei Baggern gab

„Der Haufwerkszufluß des Drehflügelladers ist durch Stehenbleiben, Vor- oder Zurückfahren steuerbar", beschrieb SBM Wagenede die Funktionsweise. So konnte sich die Maschine bei kräftiger Vorwärtsfahrt förmlich in das Fördergut einwühlen, bis die Drehflügel regelrecht eingegraben waren

Auf die Naben der Drehflügel (Ladesterne) des WL 300 wurden hier sogenannte Räumkronen gesetzt, die mit ihren vier zahnbewehrten Armen etwa 1 m über den Ladeflügeln das Haufwerk auflockerten und so für einen stetigen Materialzufluß sorgten. Diese Art der Förderung war für gewachsene Böden und ähnliches Material vorgesehen

Ein Dauerbrenner: „Force-Feed Loader“

Ob diese Baumaschine ein Rekordhalter ist? Ausgerechnet eine kontinuierlich arbeitende Förder- und Lademaschine könnte die über den längsten Zeitraum produzierte Baumaschine der Welt sein!

Immerhin erblickte der „Force-Feed-Loader“ des amerikanischen Herstellers Athey schon 1957 das Licht der Welt – und wird, wenn auch nicht von Athey, so doch vom anderen US-Hersteller LeeBoy, bis heute gebaut. Das sind beachtliche 47 Jahre, also fast ein halbes Jahrhundert, während der sich der „Force-Feed-Loader“ auf Baustellen und bei Einsätzen aller Art bewährt hat.

So schlecht kann das Konzept der kontinuierlichen Förderung doch eigentlich nicht sein, sonst wäre der „Force-Feed-Loader“ längst in Vergessenheit geraten. Eine bekannte deutsche Firma importierte den „Force-Feed-Loader“ sogar über einige Jahre, doch davon wird weiter unten geschrieben.

Wie am Kapitelanfang ersichtlich, entstand der „Force-Feed-Loader“ fast schon im Rahmen eines Trends: Wenige Jahre zuvor brachte Adams den „TraveLoader“ auf den Markt, ebenso Pettibone-Mulliken den „SpeedLoader“. Da reihte sich Athey mit der damals zunächst „HiLoader“ genannten Maschine nur in eine Moderichtung ein – nur mit dem Unterschied, daß der „HiLoader“ in fast unveränderter Bauweise bis heute überlebte!

Über die Lademaschine wurde Ende der fünfziger Jahre in der deutschen Fachpresse berichtet: „Der Athey-Lader, bezeichnet als ‚125 HiLoader‘, gehört zu den sog. Selbstaufladern (eine schlecht ausgewählte deutsche Bezeichnung), die, im Stand oder nur wenig als Ganzes bewegt, Schüttgut zumeist auf Transportwagen (Lkw) verladen. Die Besonderheit des ‚125 HiLoader‘ ist seine hohe Förderleistung an sich und der Entfall von Totzeiten, wie sie durch Versetzen der ganzen Maschine beim Übergang von einem Ladevorgang auf den anschließenden auftreten würden.“

Das aufzunehmende Material wurde durch eine Wechselvorrichtung einem Kettenelevator zugeführt, der das Fördergut auf ein nach hinten in bis zu 3,9 m Höhe führendes Abwurfband übergab. Auch nach links oder rechts abwerfende Förderbänder waren erhältlich. Zum Abtragen unterschiedlichen Materials war die Aufnahmevorrichtung auswechselbar und in fünf Versionen erhältlich.

Der 125 HiLoader, später zum „Force-Feed-Loader“ umbenannt, eignete sich zum Aufnehmen und Verladen von Kies, Sand, Erdreich, Laub, Schutt, Asphalt und Schnee. Bei 2,13 m Schnittbreite erzielte er stündliche Förderleistungen bis 900 m^3 bei leichtem Schüttgut und bis 480 m^3 bei schwerem Schüttgut. Durch seine Breite von nur 2,44 m konnte der „Force-Feed-Loader“ günstig im Straßenbau eingesetzt werden, weil er nur eine Fahrspur beanspruchte und die zu beladenden Lkw hinter ihm, nicht neben ihm fahren konnten.

Als „fastest loader in the field“ (schnellster Lader auf dem Markt) wurde der „125 HiLoader“ von Athey 1957 bezeichnet. Die Maschine wurde damals in den Vereinigten Staaten von Caterpillar-Händlern verkauft, da Athey für Cat-Zugmaschinen Hinterkipper- und Bodenentleerer-Anhänger zum Aufsatteln produzierte. Die ersten „125 HiLoader“ wurden noch ohne Kabine ausgeliefert. Der Fahrer mußte stets den Kopf wenden, um zu erkennen, ob der Lkw schon beladen war

Bild: Archiv Oberdrevermann

So klar und übersichtlich war der „125 HiLoader" aufgebaut, der sich später zum „Force-Feed-Loader" wandelte. Hydraulisch betätigte Bremsen an allen Rädern, angetriebene Hinter- und gelenkte Vorderräder, Selbstsperrdifferential als Zubehör und ein je nach Ausführung um 45 Grad oder 55 Grad zu jeder Seite schwenkbares Abwurfband – fertig war die Konstruktion einer Maschine, die fast unverändert mindestens für 47 Jahre auf dem Markt bleiben wird! Bild: Archiv Oberdrevermann

So sah der nun schon modernere „Force-Feed-Loader Model 7-11" Anfang der siebziger Jahre aus. Die größten äußeren Veränderungen der 6,3 t schweren Maschine waren das Fahrerhaus und die inzwischen etwas kompliziert wirkende Aufhängung der vorderen Förder- und Ladeeinrichtung. Diese Aufhängung trug in erster Linie den seitlich angeordneten hydraulischen Antrieb und die großen Federn, die die Aufnahmevorrichtung weich über den Untergrund gleiten ließen

Unaufhaltsam „fraß" der rasch näher kommende „Force-Feed-Loader" das aufgehäufte Material und schüttete es auf nachfolgende Lkw. „Die einzigen Unterbrechungen beim Laden sind die Zeiten zum Unterfahren des nächsten Lkw", beschrieb Athey den Einsatz. Hinzu kommt das saubere Arbeiten, ohne Beschädigungen der Asphaltdecke und ohne sich eindrückende Raupenketten oder Schaufelzähne

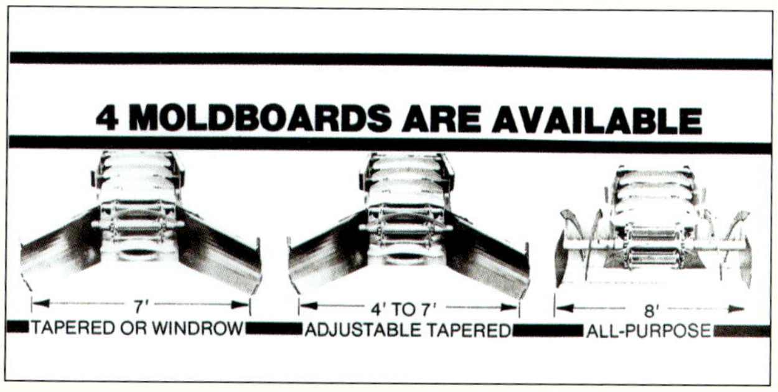

Zum Laden unterschiedlicher Materialien werden für den „Force-Feed-Loader" diverse auswechselbare Aufnahmevorrichtungen geboten. Zum Beispiel kann das Material durch zwei abgeschrägte Schürfbleche mit auswechselbaren Verschleißkanten vor den Kettenelevator gebracht werden, oder das Fördergut wird in einem vorne offenen Kasten aufgefangen und und mittels einer Förderschnecke zum Kettenelevator bewegt

Der recht kleine, auf vier Reifen fahrende und nur 6,3 t wiegende Allround-Lader wurde wahlweise von einem 82 PS starken Ford-Benzinmotor oder einem 80 PS starken Drei-Zylinder-Dieselmotor von Detroit Diesel angetrieben. Zunächst erfolgte der Fahrantrieb über ein einfaches Kupplungsgetriebe und der Band- und Schneckenantrieb hydrostatisch. Später wurde der gesamte Antrieb hydrostatisch durch einen 95 PS leistenden John Deere-Diesel vorgenommen.

Unter der Bezeichnung „Selbstfahrendes Ladeband" wurde der „7-12 Force-Feed-Loader" Anfang der achtziger Jahre sogar von der deutschen Firma Wirtgen GmbH, bekannt für Kaltfräsen und andere Straßenbaumaschinen, importiert. Dabei wurden die vielseitigen Einsatzmöglichkeiten so dargestellt: „Der Athey-Allround Lader zum Aufnehmen von Fräsgut, Kies, Sand, Erdreich, Laub, Schutt, Asphalt, Schnee und sonstigem Schüttgut. Unentbehrlich beim Einsatz von Straßenfräsen."

Inzwischen wird der „Force-Feed-Loader" nicht mehr von Athey, sondern von der amerikanischen Firma LeeBoy aus North Carolina verkauft. Die heute auf 9 t Gewicht „angewachsene" Maschine trägt die zusätzliche Typenbezeichnung 3000. LeeBoy übernahm die Konstruktions- und Fertigungsrechte des „Force-Feed-Loader" im Jahre 2001.

Immerhin fand das altgediente Laderkonzept sogar den Weg zur Bauma 2004, zwar nicht 1:1, aber doch am LeeBoy-Stand auf einigen Fotografien und Prospekten. Und somit hält sich der nun „3000 Force-Feed-Loader" genannte, in Deutschland mal Selbstauflader, mal selbstfahrendes Ladeband heißende Dauerbrenner seit 47 Jahren auf dem Weltmarkt – wenn das nicht „kontinuierlich" ist...!

Für den „7-12 Force-Feed-Loader" von Athey waren verschiedene Abwurfbänder in starrer oder schwenkbarer Version lieferbar. Mit dem ungeteilten, langen Band konnten auch vorwärts fahrende Lkw über das Fahrerhaus hinweg kontinuierlich beladen werden. Bei Beanspruchung nur einer Fahrspur lud der „Force-Feed-Loader" hier in jeder Minute mehr als 7 m³

In den siebziger und achtziger Jahren war der „Force-Feed-Loader" in Nordamerika so beliebt, daß er bei Athey in North Carolina sogar in Serie gebaut wurde. Deutlich zu erkennen sind der einfache, gerade und robuste Rahmen, der hohe Förderbandhalter am Heck und die „angehängten" Komponenten wie der Fahrerstand auf der linken Seite

Die deutsche Firma Wirtgen importierte den „Force-Feed-Loader“ in den frühen achtziger Jahren und setzte ihn als „selbstfahrendes Ladeband“ mit einer vorgebauten Wirtgen-Fräseinrichtung zum Aufnehmen und Verladen alter Tennenbeläge ein. Nach nur einmaliger Überfahrt wurde auf diese Weise ein sehr sauberes Planum hinterlassen

Eine Baumaschine, die bereits über fast fünf Jahrzehnte produziert wird, ist auch auf dem großen Markt gebrauchter Maschinen keineswegs selten. So ist der „Force-Feed-Loader“ bei vielen amerikanischen Baumaschinenhändlern zu finden, sicherlich auch ein Schnäppchen für beherzte Fans und Restaurateure, die auf Oldtimer-Treffen wirklich mal einen „etwas anderen Bagger“ präsentieren möchten

So sieht der moderne „Force-Feed-Loader" des 21. Jahrhunderts aus, nun nicht mehr von Athey, sondern von der amerikanischen Firma LeeBoy hergestellt. Die Zeit blieb nicht stehen: Statt des offenen Fahrerstandes gibt es eine verstellbare Bedienkonsole, einen gefederten Sitz, zwei große Rückspiegel, die die Lkw-Beladung erleichtern, Alarm bei Fehlfunktionen und – leider ist auch so etwas nötig – einen speziellen Schutz vor Vandalismus

Sind Fräswalzen der neue Trend?

Eine neue, andere Art kontinuierlich arbeitender Förder- und Lademaschinen entstand zum Ende der siebziger und in den achtziger Jahren. Dazu gehörten Fräslader von Dosco, der rund 250 t wiegende „C-Miner" von PHB Weserhütte/Paurat und ab 1988 die VASM-Baureihe von Voest Alpine aus Österreich sowie der „Continuous Coal Excavator" der US-Firma Rahco. Wegen der Höhenverstellung einer breiten vorderen Fräswalze hatten all diese Maschinen – auch Schrämlader genannt – den Vorteil gemeinsam, eine große Blockhöhe bei langsamem Vorschub abtragen zu können.

Die Entwicklung begann 1969 zunächst mit der deutschen Firma Westfalia Lünen, die bei verschiedenen Übertage-Einsätzen Versuche mit umgebauten Untertage-Teilschnittmaschinen durchführte. Solche Maschinen werden normalerweise im Tunnelbau und beim Stollenvortrieb im untertägigen Bergbau verwendet. Gute Erfahrungen konnten schon in den sechziger und siebziger Jahren mit den kleinen Frësladern „Dachs" im Tontagebau gesammelt werden, gefolgt von „Büffel"- und „Bison"-Einsätzen im Gips- und erneut im Tontagebau.

Die Einsätze der Fräslader von Westfalia Lünen mögen im fernen Amerika den zu Ingersoll-Rand gehörenden Untertage-Maschinenhersteller Lee Norse bewogen haben, ebenfalls von Teilschnittmaschinen ausgehend ein gewaltiges kontinuierlich arbeitendes Fördergerät für den Kohletagebau zu entwerfen.

Die etwas phantasielos wieder einmal „Surface Miner" genannte Maschine sollte um die 150 t wiegen und stündlich etwa 900 bis 1200 t Kohle gewinnen können. Die Abbau- und Fördermethode hätte sowohl das Bohren von Sprenglöchern und das Sprengen als auch das Nachbrechen der Kohle erübrigt – ein Argument, daß bis heute gerne als Betriebsvorteil vieler Surface Miner genannt wird.

Während aber der „Surface Miner" von Lee Norse nie gebaut wurde, griff der zum Flugzeugbauer Hawker-Siddeley gehörende englische Hersteller Dosco die Idee 1983 wieder auf und entwickelte den TB 3000 „High Capacity Continuous Miner", auch „Rock Excavator" (Fels-Bagger) genannt. Der TB 3000 wurde zur Abraumförderung in den australischen Bauxittagebau Jarrahdale nahe Perth geliefert.

5 m mächtige Abraumschichten konnte der TB 3000 mit seinen beiden Schneidköpfen mit einer durchschnittlichen Stundenleistung von 520 t abtragen, die größte Leistung waren 690 t pro Stunde. Das Material wiegt dort 2,2 t/m^3. Das Fahrwerk des TB 3000 basierte auf einer stark modifizierten Cat D9G, wobei als Endantriebe und Turas die Komponenten der größeren

Umgebaute Teilschnittmaschinen, eigentlich für den untertägigen Tunnel- und Bergbau konzipiert, wurden in den späten siebziger Jahren von Westfalia-Lünen für den Übertageeinsatz verwendet. Dieser WAV-170 „Büffel" arbeitete im Gipsabbau, da in dieser Grube nicht mehr gesprengt werden durfte. Der 1,2 m breite, schwenkbare Frässchneidkopf wurde von einem wassergekühlten 170-kW-Elektromotor angetrieben. Durch die Schneidtechnik konnten stündlich bis zu 120 t gewonnen werden

Einsätze mit den Teilschnittmaschinen verliefen so vielversprechend, daß Westfalia Lünen auch den größeren, 75 t wiegenden Fräslader WAV-200 „Bison" für den Tagebau lieferte. Sein mit 59 U/min rotierender Schneidkopf wurde von einem 200 kW starken E-Motor bewegt. Zwei Förderbänder brachten stündlich rund 250 m³ Gips an den Maschinenseiten nach hinten zur Verladung

Anders als bei vielen kontinuierlich fördernden Maschinen waren die beiden Beladebänder des Fräsladers WAV-200 „Bison" von Westfalia Lünen starr an der Maschine angeordnet. Nur der Schneidkopf schwenkte am Ausleger, so daß die Arbeitsweise fast mit einem Schaufelradbagger vergleichbar war

Der „High Capacity Continuous Miner" von Dosco war mit seinen 123 t Gewicht und 17,6 m Länge eine beeindruckende Maschine. Sein Fahrwerk basierte auf einer Cat D9G mit D10-Komponenten. Das gelöste Material fiel auf den Ladetisch und wurde quer durch die Maschine nach hinten auf ein Ladeband befördert. Die schwenk- sowie heb- und senkbaren Schneidkopf-Halter wirkten sehr stabil

Nicht unbedingt wie ein kontinuierlich arbeitendes Ladegerät, sondern wie ein fremdartiges Science-Fiction-Monster läßt die Frontansicht den TB 3000 von Dosco wirken. Deutlich sind Ladetisch, nach außen geschwenkte Schneidköpfe und der mittige Kratzerkettenförderer zu erkennen

Rund 1000 PS stark und 150 t schwer sollte der „Surface Miner" des US-Herstellers Lee Norse werden. Seine 6,4 m breite, hydraulisch heb- und senkbare Schneidwalze hätte 900 bis 1200 t Kohle abfräsen und mit einem um 180 Grad schwenkbaren Förderband in Muldenkipper laden können. Leider blieb es bei dem Entwurf

Beim Einsatz im australischen Bauxitabbau soll der „High Capacity Continuous Miner" überzeugende Förderleistungen erbracht haben. Die einzig bekannten Einsatzbilder zeigen die Maschine jedoch leider nur während der Testphasen, wobei auch keine Muldenkipper beladen wurden. Der kranartige Ausleger oberhalb des Abwurfbandes hielt das Stromkabel des TB 3000 in sicherer Entfernung

Cat D10 verwendet wurden. Dadurch sollten hohe Fahrkäfte und eine sehr robuste Bauweise erzielt werden.

Die beiden Schneidköpfe mit gegenläufiger Drehrichtung erlaubten eine größte Schnittbreite von 8,9 m und eine Abbauhöhe von 6,0 m. Die Schneidköpfe wurden unabhängig voneinander von zwei je 336 PS starken, luftgekühlten E-Motoren angetrieben. Für den hydrostatischen Fahrantrieb war ein 250-PS-Motor vorhanden. Die Bewegung der beiden Arme konnte synchronisiert oder einzeln erfolgen. Damit sich die 123-t-Maschine nicht aufschaukelte und beim Schneiden vibrierte, waren am Heck zwei stabile Abstützungen vorhanden.

Das gelöste Material fiel auf einen 4,5 m breiten Ladetisch und wurde von zwei gegenläufig rotierenden Ladesternen auf einen Kratzerkettenförderer gebracht, der unter der Kabine hindurch zu einem starr angeordneten Ladeband am Heck führte. Obwohl der „High Capacity Continuous Miner" als weltgrößte Teilschnittmaschine mit entsprechenden Leistungen gerühmt wurde, kam es leider zu keinem weiteren Einsatz.

Fräswalzen bleiben beliebt

Vom Maschinenbauunternehmen und Bergwerksmaschinenhersteller Voest Alpine aus Österreich wurde 1988 die Baureihe der „Voest Alpine Surface Miner" (VASM) präsentiert. Das waren sieben verschiedene Typen mit rund 70 bis 480 t Dienstgewicht und 400 bis 2500 kW (545

Der C-Miner blieb im Modell stecken

Erneut begegnet uns der legendäre deutsche Name Weserhütte in der Vielfalt der „etwas anderen Bagger". Bei PHB Weserhütte (Pohlig-Heckel-Bleichert und Weserhütte AG) wurden nämlich Mitte der achtziger Jahre die verfügbaren Maschinensysteme zur kontinuierlichen Gewinnung im Tagebau in Frage gestellt.

Schaufelradbagger können weder in harten Materialien arbeiten noch erlauben sie einen genauen selektiven Abbau. Andere kontinuierlich arbeitende Förder- und Lademaschinen wiesen nach Ansicht von PHB Weserhütte zu hohe Vortriebsgeschwindigkeiten auf, und zwar bis zu 80 m/min. Dadurch waren sie nur schwerlich in bestehende Tagebausysteme einzufügen, denn die Koordination mit mitfahrenden Bodenentleerern oder Muldenkippern ist dann wegen des „Tempos" oft problematisch.

Außerdem kommt es häufig zu langen und unproduktiven Betriebsunterbrechungen, bis die Muldenfahrzeuge nachrücken und wieder unter dem Ladeband der Förder- und Lademaschine bereitstehen (siehe auch im Kapitel „Schwachstellen und mancherlei Hürden"). Andererseits erreichen mobile Förderbandwagen oder Übergabetrichter auf Raupenfahrwerken auch nur geringe Geschwindigkeiten von höchstens 10 bis 15 m/min, so daß die Koordination hier ebenfalls schwierig ist.

Deshalb entwickelte man bei der zu PHB Weserhütte gehörenden Paurat GmbH eine neuartige kontinuierlich arbeitende Gewinnungsmaschine, den C-Miner (Continuous Miner), mit vorderer dreiteiliger Fräs- und Schrämeinrichtung. Der C-Miner sollte mit den Typbezeichnungen CM 500, CM 1000 und CM 2000 in drei Größen mit stündlichen Abbauleistungen von etwa 550 bis 2100 t und Einsatzgewichten von 128 bis 160 t gebaut werden.

Für den Antrieb der C-Miner waren ein oder zwei Dieselgenerator-Sets oder rein elektrischer Antrieb per Schleppkabel vorgesehen. Auf diese Weise wären die C-Miner einerseits so flexibel wie andere mobile Maschinen, andererseits aber auch an vorhandene Stromversorgungen im Tagebau anzuschließen gewesen.

Der C-Miner fuhr – anders als Surface Miner mit mittiger Fräswalze – nur auf zwei Raupenfahrwerken. Die beiden Raupen wurden unabhängig voneinander von je einem Gleichstrom-Elektromotor angetrieben. Dies erlaubte das platzsparende Wenden auf der Stelle, allerdings mit starken Belastungen der Raupenfahrwerke. Beim Verfahren waren Geschwindigkeiten bis zu 3,9 km/h erreichbar. Jedoch wären dank der technischen Konzeption der C-Miner kaum unproduktive Leerfahrten erforderlich gewesen.

Ungewöhnlich wirkte der „C-Miner" Typ CM 2000 von der zu PHB Weserhütte gehörenden Firma Paurat schon durch seine dreiteilige, bogenartig angeordnete vordere Fräsvorrichtung. Derartige Maschinen sollten in drei Größen mit Einsatzgewichten zwischen 128 und 160 t gebaut werden, kamen aber nie über das Entwurfsstadium hinaus

Vorn am C-Miner befand sich eine dreiteilige Frästrommel, ausgebildet als Doppelhelix mit 1,6 bis 2,0 m Durchmesser, wie sie zum Öffnen dünner Flöze im Untertagebau üblich ist. Den Antrieb übernahmen direkt an die Getriebe geflanschte Elektromotoren. Die Getriebe waren zwischen den Frästrommeln angeordnet; jeweils ein Getriebe trieb eine äußere und die mittlere Frästrommel gemeinsam an. Wegen der so erzielten äußerst hohen Drehmomente verzichtete man auf Überlastkupplungen, um C-Miner auch in härtesten Materialien einsatzfähig zu halten.

Das gelöste Material wurde, ausreichend gebrochen und zerkleinert, durch die beiden seitlichen vorwärts gewinkelten Frästrommeln zur mittigen Trommel gebracht und gelangte von dort auf ein durch das Gerät führendes Förderband, dann auf ein um 210 Grad schwenkbares, hydraulisch höhenver-

Nur die vordere, dreiteilige Frästrommel, eine Doppel-Senkhelix mit 1,6 bis 2,0 m Durchmesser, wurde im Braunkohle-Tagebau Fortuna nahe Köln Mitte der achtziger Jahre an einem Untertage-Fräslader ausgiebig getestet. Angetrieben wurden die Frästrommeln durch Direktgetriebe mit Elektromotoren. Die Getriebe waren zwischen den Frästrommeln angeordnet; jeweils ein Getriebe trieb eine äußere und die mittlere Frästrommel gemeinsam an. Die schraubenförmigen Blätter der Frästrommeln führten das gelöste Material zur Maschinenmitte

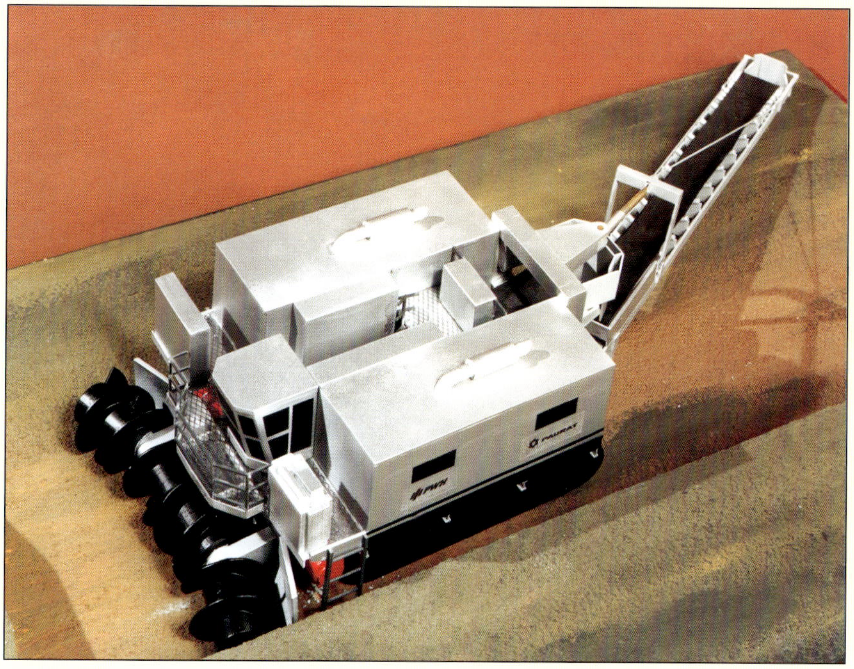

Ein schönes Modell des CM 2000, der mit 160 t Gewicht, 14 m Länge (ohne Beladeband) und 7,6 m Breite der größte C-Miner gewesen wäre, zeigte die wichtigsten Maschinengruppen und die Arbeitsweise. Bei jedem Durchgang hätte dieser C-Miner Material in einer Höhe von 2,5 m abgetragen. Das ebenfalls 14 m lange Beladeband war nur um 45 Grad zu jeder Seite schwenkbar und zur Beladung mitfahrender Muldenkipper oder von Bandstraßen gedacht

stellbares Ladeband. Die Fahrerkabine vorne in der Gerätemitte sollte hervorragende Sicht auf Fräswerkzeuge und Abbaufront bieten.

Die Abtragsbreite entsprach der Gesamtbreite des C-Miner, so daß auch seitlich entlang senkrechter Wände hätte gefördert werden können. Die dreiteilige Frästrommel war mit Hydraulikzylindern horizontal, vertikal und und in ihrer Neigung verstellbar. Daher konnten abfallende Flöze und Störungen im Flözverlauf genau verfolgt werden. Dank der Höhenverstellung und Anordnung der Fräswerkzeuge waren C-Miner in der Lage, auch bei Abtraghöhen größer als der Frästrommel-Durchmesser zu arbeiten.

Eine ausreichend langsame Vortriebsgeschwindigkeit von höchstens 10 m/min zur besseren Koordination mitfahrender Muldenkipper sollte durch die ungewöhnlich große Abtragsbreite und -höhe erzielt werden (je nach C-Miner-Typ 1,8 bis 2,5 m Höhe, 7 bis 7,6 m Breite). Die Angriffsfläche der Fräswerkzeuge wäre bei den Maschinen etwa 17 bis 19 m^2 groß gewesen, beträgt bei großen Tagebaufräsen hingegen nur 1,8 bis 2,6 m^2.

Bei einer Flözmächtigkeit von 1,5 m und einer 500 m langen Abbaustrecke hätte ein C-Miner bei einem Vortriebstempo von nur 1,75 m/min bereits eine stündliche Förderleistung von 1500 t erbracht. Dagegen haben übliche Surface Miner etwa die zwei- bis dreifache Arbeitsgeschwindigkeit, wobei Vergleiche nur bis zu einer Abtragshöhe von 0,61 m möglich sind – der maximalen Abtragshöhe anderer Tagebaufräsen.

Das langsamere Tempo der C-Miner hätte nicht nur die Koordination erleichtert, sondern auch den Verschleiß der Raupenfahrwerke gemindert: Pro Tonne geförderten Materials wäre die zurückgelegte Fahrstrecke deutlich kürzer gewesen.

Die Zugänglichkeit zu den vorn freiliegenden Frästrommeln, auch beim Auswechseln der Meißel, und zum integrierten Förderband war bestens. Dadurch hätten beim C-Miner keine Komponenten unter der Maschine gewartet werden müssen. Die Meißel ließen sich pro Stück in einer Minute austauschen, sie waren keine Spezialanfertigungen, sondern im Handel erhältlich.

Als hauptsächliche Fördergüter nannte PHB Weserhütte Braunkohle, Steinkohle, Bauxit, gefrorenen Ölsand, Sandstein, Kalkstein und harten Abraum. All diese Materialien wären vom C-Miner nicht nur gelöst, sondern auch bis zu einer Korngröße von höchstens 150 mm gebrochen worden. Nachgeschaltete Primär- und oft auch Sekundärbrecher hätten sich in vielen Anwendungsfällen erübrigt.

Leider aber wurde nie ein vollständiger C-Miner gebaut. Das bemerkenswerte Maschinen- und Förderkonzept brachte es nur bis zu ausführlichen Testreihen der vorderen dreiteiligen Frästrommel, die versuchsweise an eine umgebaute Teilschnittmaschine montiert wurde. Der Konkurs der Weserhütte-Unternehmensgruppe ließ das Projekt bald in Vergessenheit geraten.

Dieser Prototyp auf Basis einer Teilschnittmaschine AM 100 wurde für die ersten Versuchsreihen zur Entwicklung der VASM-Baureihe (Voest Alpine Surface Miner) konstruiert und erbrachte in einem Gipstagebau bereits erfreuliche stündliche Förderleistungen von 400 t und mehr. Der Ausleger des Schrämladers wirkt mit dem im Verhältnis kleinen Fräskopf überproportioniert, trug aber vorne den leistungsstarken Schneidantrieb

5,5 m breite Schrämwalze des VASM-Prototyps beim Schneiden eines 5 m tiefen Einschnittes in massiven Gips. Unten im Schatten ist der Ladetisch mit den beiden Ladesternen zu erkennen. Der Prototyp belud mit seinem Förderband stündlich etwa 16 Muldenkipper mit 25 t Nutzlast

Die bis zu 480 t wiegenden Surface Miner der Baureihe VASM von Voest Alpine sollten bei sehr langsamer Vorschubgeschwindigkeit große Blockhöhen von bis zu 10 m und Blockbreiten von bis zu 16,7 m abtragen. Das Kriechtempo ersparte viele Fahrbewegungen, häufiges Wenden und Probleme bei der Koordination mitfahrender Muldenkipper und erleichterte die direkte Bandbeladung

Der 75 t wiegende, mit Ladeband 18,8 m lange VASM 1 D konnte Material auf 4,5 m Breite und 4 m Höhe abtragen. Ein 544 PS leistender Dieselmotor trieb Fahrwerk, Schneidkopf und Förderbänder hydrostatisch an, wobei allein für den Schneidkopf ein 300 PS starker Hydraulikmotor vorhanden war

bis 3400 PS) installierter Leistung für stündliche Förderleistungen von 400 bis fast 5000 m³.

Beim VASM trug ein durch zwei Hydraulikzylinder heb- und senkbarer Ausleger eine Schrämwalze, die aus einzelnen Schneidmodulen bestand. Der Materialabbau geschah während des Absenkens des Schrämwalzenauslegers, wobei die Schrämwalze eine oszillierende Bewegung ausführte.

Der Abbau erfolgte im Blockbetrieb: Je nach VASM-Typ konnten 5 bis 10 m Blockhöhe und 6,5 bis 16,7 m Blockbreite abgetragen werden. Mit dem VASM waren Abraum und Mineralien wie Steinkohle, Gips, Bauxit, Phosphat oder Kalkstein mit Druckfestigkeiten bis 80 MPa abzubauen.

Interessant war auch die Fahrzeugbeladung: Ein Bodenentleerer-Sattelzug rangierte längsseitig unter das Heckförderband des VASM, sicher eine etwas umständliche Prozedur. Begonnen wurde mit der Beladung an der Front des Sattelanhängers, geendet entsprechend dem äußerst langsamen VASM-Vorschub am Anhängerheck. Dadurch mußte der Bodenentleerer dem Maschinenvorschub nicht folgen, also nicht parallel zum VASM mit- oder hinterherfahren.

Zur Erprobung wurde eine Prototypmaschine auf Basis einer Teilschnittmaschine des Typs AM 100 in einem österreichischen Gipstagebau von Mai bis Oktober 1988 getestet. Die Maschine lag in der untersten Leistungsklasse der geplanten Baureihe. Bei den Tests fiel das geschrämte Material in einer Korngröße von unter 300 mm an, so daß das Primärbrechen entfallen konnte. Bei einem Energieverbrauch von 1,8 kWh/t wurden Schneidleistungen von 400 t/h erzielt. Der Prototyp schnitt 5,5 m breite und 5 m hohe Blöcke und lud das Material in 25 t fassende Muldenkipper.

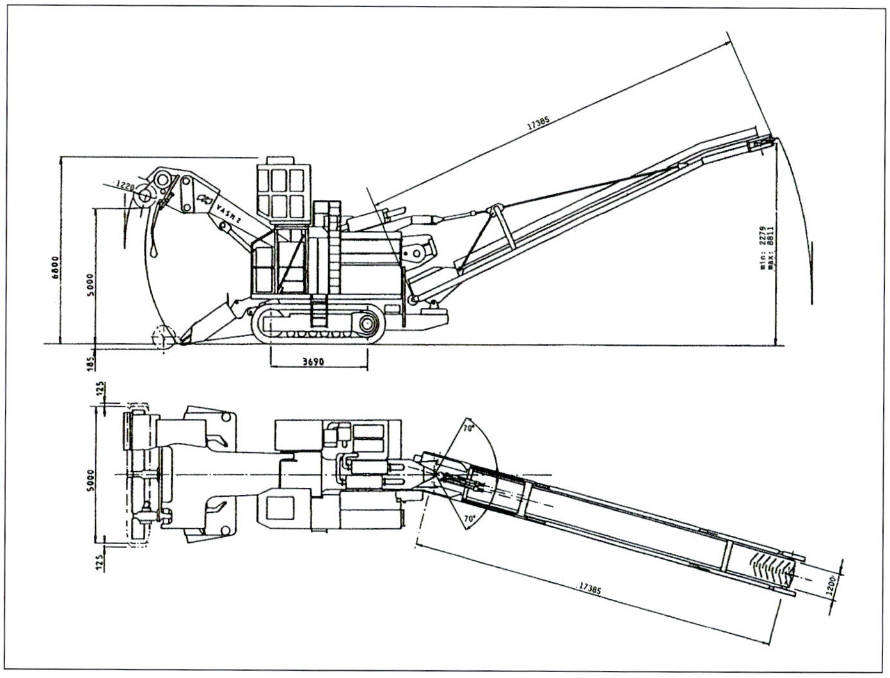

Später wurde die Konstruktion des VASM vollständig geändert; die Bauweise erschien kompakter, kürzer und höher. Mit dem 17,4 m langen, schwenkbaren Abwurfband, 5 m Abbauhöhe und 5,25 m Abbaubreite war der 135 t wiegende VASM 2 D auch im Tagebau eine nicht zu übersehende Erscheinung. Der Schneidkopf der 1020 PS starken Maschine hatte immerhin 1,2 m Durchmesser

Tatsächlich aber scheint der VASM 2D nur eine umgebaute Version des VASM 1D gewesen zu sein: Die sehr viel höher gesetzte Fahrerkabine ließ die Maschine kürzer und kompakter erscheinen. Möglicherweise wurde die Kabine nicht nur zwecks besserer Sicht höher gesetzt, sondern damit auch aus der Staub- und Splitterzone entfernt. Die Kabine befand sich zudem nicht mehr neben dem Schneidarm, sondern fast darüber

Der nach Werksangaben 135 t wiegende 2 D war einer der wenigen VASM, die zum echten Einsatz gelangten, und zwar im südafrikanischen Steinkohletagebau Kleinkopje. Im Zwei-Schicht-Betrieb wurden 5550, im Drei-Schicht-Betrieb 8330 t Kohle pro Tag gewonnen und wechselweise in Bodenentleerer-Sattelzüge mit 136 t (150 short tons) Nutzlast geladen Bild: Archiv Oberdrevermann

Nagen an der Wand: Um das umständliche Rückwärtsrangieren der Bodenentleerer-Sattelzüge zu ersparen, wurde eine andere Methode gewählt. Der VASM 2D schnitt das an der Wand anstehende Kohleflöz in großer Mächtigkeit an und mußte sich auf diese Weise überhaupt nicht bewegen, um einen ganzen Bodenentleerer mit 136 t Kohle zu füllen Bild: Archiv Oberdrevermann

Für den 135 t wiegenden VASM 2D, der ab 1990 in einem afrikanischen Steinkohletagebau eingesetzt wurde, nannte Voest Alpine interessante Betriebsdaten. Bei 5 m Blockhöhe und 5,25 m Blockbreite wurden stündliche Abbauleistungen von über 1000 t Steinkohle erzielt. Täglich summierte sich das im Zwei-Schicht-Betrieb auf 5550 und im Drei-Schicht-Betrieb auf 8330 t. (Diese Zahlen entsprachen allerdings einer Maschinenauslastung von durchschnittlichen nur rund 42 Prozent). Die technische Verfügbarkeit betrug nach Werksangaben jedoch fast 90 Prozent; die Verschleißrate lag bei 443 t/Meißel.

Mit 750 kW (1020 PS) installierter Antriebsleistung wurden stündlich 160 l verbraucht, was einer Relation von 6,25 t/l entsprach. Die VASM wurden entweder über ein Schleppkabel oder mittels eines Dieselaggregates mit Antriebsenergie versorgt.

Voest Alpine gab folgende Besonderheiten für den Einsatz der VASM-Fördertechnik an:

- Wegfall der Verfahrensgänge Bohren, Sprengen, Laden und Primärzerkleinerung,
- einfache Materialübergabe auf Muldenkipper, Bodenentleerer oder Bandsysteme wegen des langsamen Vorschubs bei der Abbauweise im Blockbetrieb,
- geringer Verschleiß der Fahrwerkskomponenten wegen langsamer Vorschubgeschwindigkeit,
- geringer Transportaufwand, d. h. die zurückgelegte Wegstrecke pro m^3 geschnittenen Materials war dank der großen Abbaubreite und -höhe gering,
- Beeinflussung der Korngrößen durch Variation der Oszillations- und Senkgeschwindigkeit sowie der Meißelstückzahl,

Einsatz des VASM 2D bei der ostdeutschen MIBRAG im Braunkohletagebau: Der Schrämlader beschickte mit seinem Abwurfband direkt einen großen, auf Raupen fahrenden Bandwagen, der die Kohle auf eine lange, aus dem Tagebau führende Bandstraße übergab. Da der Bandwagen dem VASM 2D ständig folgen mußte, war die Koordination der Geräte nicht einfach Bild: Archiv Oberdrevermann

Die Bildfolge veranschaulicht die Funktionsweise des „Alpine Loader“: Beginn der Ladetätigkeit; gefüllte Schaufel bewegt sich in Entladeposition; Rückwärtiges Auskippen der Ladeschaufel, Abtransport des Haufwerkes über Plattenband- und Gurtbandförderer, beispielsweise auf 50 t tragende Muldenkipper. Mit Abwurfband war der „Alpine Loader“ 14,3 m lang

- Automatisierungsmöglichkeiten beispielsweise mit lasergesteuerten Horizontierungs- und Richtungskontrollen sowie automatischer Schneidfolge.

VASM 2D wurden in der Meekatharra- und der Mt. Gibson-Goldmine in Westaustralien, in einem österreichischen Kalksteinbruch und bei der ostdeutschen MIBRAG im Braunkohletagebau eingesetzt oder zumindest getestet. Trotz der publizierten Erfolge gab der österreichische Hersteller das VASM-Konzept auf, zumal sich Voest Alpine vor einigen Jahren auch vom Geschäftsbereich Bergtechnik trennte. So tauchte eine weitere interessante Idee ins Reich des Vergessens.

Der US-Hersteller Rahco, uns bereits bekannt durch den „Mass Excavator“ und den „Continuous Loader“, entwickelte Ende der achtziger Jahre eine weitere kontinuierlich arbeitende Maschine, und zwar den „Continuous Coal Excavator“ CME 12. Die neue Rahco-Maschine hatte durchaus Ähnlichkeit mit Schrämmaschinen bzw. Fräsladern, war doch vorne eine kettengetriebene, mit Meißeln bestückte und höhenverstellbare Fräswalze angeordnet.

Bei 480 PS Antriebsleistung nannte Rahco stündliche Förderleistungen von 400 bis 800 t, abhängig vom zu fördernden Material. Die Maschine fuhr auf zwei Raupenketten. Bei 3,66 m Schnittbreite reichte die Abbauhöhe von 0,15 m Unterschnitt bis zu 4,3 m Höhe über Planum. Das wurde durch die hydraulisch verstellbare Kinematik ermöglicht, über die die Fräswalze mit der Maschine verbunden war. Das gelöste Material wurde bis 200

Mit seiner ausgeklügelten Schaufelkinematik arbeitete der „Alpine Loader“ AL 60 wie ein Bagger im Stand, also ohne Fahrbewegungen, belud dann aber Fahrzeuge kontinuierlich mit Förderbändern. Dazu schüttete die 2 m^3 große Schaufel ihren Inhalt in eine bunkerförmige Erweiterung über einen Plattenbandförderer, der entlang der Maschinen-Mittellinie verlief

Der horizontale Vorschub der 2-m³-Schaufel des „Alpine Loader" wirkte durchaus ähnlich wie beim „Skooper"-Bagger von Menck & Hambrock oder vergleichbaren Konstruktionen. Aufgrund der recht langen Vorschubstrecke von 1,9 m – diese in einem Höhenbereich von 0 bis 2,8 m – konnte der AL 60 viel Material schaufeln, ohne daß sich die Maschine einmal selbst bewegen mußte

mm Korngröße gebrochen und mit einem Ladeband auf Bandanlagen oder mitfahrende Muldenkipper gefördert. Angeboten wurde auch ein größerer Typ für 9,1 m Abbauhöhe und bis zu 2000 t Förderleistung pro Stunde.

Baggern im Stand, kontinuierlich fördern

Auf eine weitere interessante Maschine aus Österreich stoßen wir Ende der achtziger Jahre: Der „Alpine Loader AL 60" von Voest Alpine war als alternatives Ladekonzept gedacht. Sein Konzept wirkt ähnlich wie der „Gatesvator" von 1961, allerdings war die Schaufel des „Alpine Loader AL 60" im Verhältnis zur Maschinengröße deutlich wuchtiger und breiter gestaltet. Zu vergleichen ist der „Alpine Loader AL 60" auch mit einer stark modifizierten Laderaupe, auf die ein in der Längsachse verlaufendes Förderband montiert wurde.

Mit 48 t Gewicht und 272 PS leistendem Diesel- oder 218 PS starkem E-Motor war der „Alpine Loader" eine stattliche Maschine. Tatsächlich konnte seine 2,8 m breite Frontschaufel Brocken von bis zu 4 t Gewicht „schlucken" und auf die nachfolgenden Platten- und Gurtbandförderer übergeben. Als Nennleistung wurden 6 m³/min angegeben, was etwa 10 t/min entspricht.

Betont wurde: „Der Ladevorgang erfolgt aus dem Stand ausschließlich durch die hydraulische Kinematik und nicht wie bei konventionellen Ladegeräten über das Fahrwerk der Maschine." So wurde der „Alpine Loader" von Voest Alpine auch als Hochleistungslademaschine bezeichnet – fand aber wie so viele seiner Vorläufe aus diesem Kapitel keine nennenswerte Verbreitung und verschwand leider wieder aus dem Produktprogramm.

Die Brocken auf dem Abwurfband des „Alpine Loader" sollen zeigen, daß Schaufel und Fördereinrichtungen sich auch an dicken Knäppern nicht „verschluckten". Eigentümlich wirkt die gedrungene Form der Maschine mit der nach hinten über den Bunker geklappten Ladeschaufel

Satterwhite

Vom Satterwhite Wheel zum Surface Miner

Der texanische Bauunternehmer Charles Satterwhite erfand 1967 eine neuartige Förder- und Lademaschine. Wer würde vermuten, daß die Spuren seiner Idee über einige Umwege bis nach Deutschland zum Surface Miner von Krupp führen?

Doch langsam, beginnen wir die Spurensuche einer ganzen Ahnenreihe von Surface Minern tatsächlich am Anfang, nämlich in Texas. Charles Satterwhite sann damals darüber nach, wie das Baggern, Aushubverladen und Ebnen von Straßentrassen bequem in nur einem Arbeitsgang durchzuführen wäre.

Bagger, Radlader, Baggerlader, Laderaupen, Planierraupen, Scraper, Elevating Grader und andere kontinuierlich arbeitende Maschinen – all dies kannte Satterwhite und war doch auf der Suche nach etwas ganz Neuem, ganz Anderem. So kam er auf das „Satterwhite Wheel", eine Art kleinen, mobilen Schaufelradbagger. Neu waren gleich mehrere parallele, vorne angeordnete Schaufelräder mit einer innovativen Zwangsentleerung der vielen Schaufeln.

Erst fünf Jahre später, nämlich 1972, war ein Prototyp fertig. Als Basismaschine diente eine erheblich umgebaute Asphaltfräse. Diese provisorische Maschine lief zwei Jahre im Test und erzielte mit ihrem Front-Schaufelrad von 3,04 m Durchmesser auf 3,2 m Schnittbreite sehr zufriedenstellende Förderleistungen von bis zu 1070 m^3 in der Stunde.

Gegenüber üblichen Schaufelradbaggern wurde beim „Satterwhite Wheel" eine sehr hohe Vortriebskraft geradlinig von der Maschine aufgebracht, nicht aber mit dem Rad nur „locker" am abzutragenden Material vorbeigeschwenkt. Dadurch konnte das „Satterwhite Wheel" optimale Füllungsgrade der vielen kleinen Schaufeln bieten, was wiederum für sehr hohe Förderleistungen sorgte.

Kommen breite Schaufelräder in Mode?

In zweierlei Hinsicht war die Situation zu Zeiten von Satterwhites Erfindung und erstem Prototyp anders als heute: Viele neue Maschinenkonzepte wurden probiert (Hydraulikbagger begannen sich gerade erst durchzusetzen!), und die kontinuierliche Förderung war weitaus verbreiteter und im Denken gegenwärtiger als in der jetzigen Zeit der Standardlösungen.

Charles Satterwhite könnte die Idee zu seinem neuartigen Schaufelradbagger beim Betrachten eines anderen kontinuierlich arbeitenden Fördergerätes gehabt haben, nämlich dem „Continuous Excavator" WL-50 von Barber-Greene. Die interessante, auf drei Raupen fahrende, 107 t wiegende Maschine war eine neue, patentierte Art von Schaufelradbagger: Vor der Basismaschine waren zwei zusammen 2,9 m breite Schaufelräder mit 4,9 m Durchmesser angeordnet.

Der WL-50 baggerte bei sehr langsamer Vorwärtsfahrt einen etwa 3 m breiten und 3,5 bis 4,5 m hohen Blockstreifen ab und förderte das Material seitlich in Fahrzeuge. Durch den langsamen Vortrieb konnten die Bodenentleerer oder Muldenkipper neben dem WL-50 stehen, mußten also nicht fahren. Immerhin baggerte der WL-50 während nur 2 m weiter Vorwärtsfahrt fast 30 m^3 Boden ab, also mehr als 50 t!

Der in Deutschland als „Trommelbagger mit zwei breiten Schaufelrädern" bezeichnete WL-50 wurde in den Vereinigten Staaten der sechziger und siebziger Jahre auf Großbaustellen und in Tagebauen gar nicht selten eingesetzt. Seine nominelle Förderkapazität wurde von Barber-Greene mit 45 m^3 pro Minute angegeben, also bei vielen Projekten eine gegenüber anderen Baggern und Lademaschinen äußerst vorteilhafte Leistung.

Beliebt war der WL-50 bei Dammbaustellen, dem Flughafenbau, bei Straßenein-

Eine strahlend weiße Maschine unter leuchtend blauem Himmel: So schön hätten die Erfolge des „Satterwhite Wheel" dank deutscher Vermarktung werden können. Auf Basis der amerikanischen Erfindung entwickelte Krupp eine komplette Baureihe von KSM (Krupp Surface Miner), doch die Tagebaubetreiber spielten leider nicht mit

Diese Maschine brachte die Steine ins Rollen bzw. die neuartigen Schaufelräder ins Drehen: Um Straßenbauarbeiten besser, schneller und effektiver erledigen zu können, erfand der texanische Bauunternehmer Charles Satterwhite 1967 einen ungewöhnlichen Schaufelradbagger, baute den ersten Prototyp 1972 und testete ihn zwei Jahre lang

Ideenlieferant für den Krupp Surface Miner? Ähnliche Maschinen wie das „Satterwhite Wheel" gab es bereits, nur mit anders funktionierendem Schaufelrad. Der 107 t schwere „Continuous Excavator" WL-50 von Barber Greene fuhr auf zwei Raupen und wurde von einem 500 PS starken Dieselmotor angetrieben. Er konnte Fahrzeuge, hier zwei Doppelmotorenscraper TS-24 von Euclid, in kürzester Zeit beladen Bild: Archiv Oberdrevermann

Vorne an der Maschine waren zwei zusammen 2,9 m breite Schaufelräder mit 4,9 m Durchmesser angeordnet. Die Maschine baggerte bei sehr langsamem Vortrieb große Massen ab – das schonte die Raupen und erleichterte die Koordination mit den Bodenentleerern. Der WL-50 baggerte rund 45 m³ pro Minute, füllte also in dieser Zeit zwei bis drei dieser Euclid-Sattelzüge Bild: Archiv Oberdrevermann

schnitten und Dammschüttungen und natürlich bei der Abraumförderung. Einige WL-50 wurden auch zum Gewinnen und Laden ungesprengter Steinkohle und beim Haldenumschlag verwendet. Der Hersteller führte stets zahlreiche Einsatzbeispiele auf.

Der WL-50 war damals bei amerikanischen Bauunternehmern durchaus bekannt, sicher auch bei Charles Satterwhite. Nicht so viel Erfolg war einem ähnlichen kleinen Schaufelradbagger beschieden, dem „Coal Excavator" der Firma Foster-Miller Associates aus Massachusetts. Die Maschine wurde im Rahmen der weltweiten Energiekrise 1974 im Auftrag des US Bureau of Mines gebaut, da man ein neues Verfahren testen wollte: Drei 3,4 m große Schaufelräder drehten sich „vorwärts" und zogen so die Basismaschine ähnlich wie mit einem Zahnrad voran.

Dadurch konnte die Basismaschine vergleichweise klein und leicht gebaut werden. Das Fördergut fiel innerhalb der drei nebeneinander angeordneten Schaufelräder auf ein Querförderband und gelangte von dort auf ein seitliches Abwurfband.

Schwierig gestaltete sich wohl das Ausbalancieren der Kräfte, denn die „vorwärts" drehenden Schaufelräder sollten die Maschine ja ziehen und auch etwas nach unten drücken. Dies sollte Maschinengewicht, Motorkraft und Energie einsparen. Daher sollte das Schaufelrad einer geplanten 75 t schweren Maschine von einem „nur" 620 PS starken Motor, die Basismaschine und Förderbänder von einem 270-PS-Motor angetrieben werden.

Ein Prototyp mit zwei Motoren von 425 und 238 PS Leistung wurde intensiv im Navajo-Kohlentagebau in New Mexico getestet. Stündlich soll der kleine Bagger über 900 t Kohle gewonnen und verladen haben, eine erstaunliche Leistung für eine dermaßen leichte Maschine. Die Investitionskosten wären nur ein Viertel so hoch wie bei einem Löffelbagger vergleichbarer Ladeleistung gewesen, die Betriebskosten pro geförderter Tonne Kohle sogar fast nur ein Fünftel.

Bald schon stellte sich aber ein großer Nachteil heraus: Während die drei Schaufelräder in normalen Böden, in Erdreich und Lehm die Maschine tatsächlich zogen (nur zwei Prozent der gesamten Motorleistung mußten für den Vortrieb genutzt werden), versagte diese Methode beim Baggern von Kohle, die ja eine gänzlich andere Materialstruktur aufweist. So wurde das Konzept vom US Bureau of Mines leider nur wegen der „Kohle-Hürden" nicht weiter verfolgt und von Foster-Miller Associates aufgegeben.

Kipperhersteller kauft Satterwhite Wheel

Ganz anders erging es Charles Satterwhite. Von den Einsatzerfolgen seines Prototyps ermutigt, sprach er in der Hoffnung, einen Hersteller und Vermarkter für sein Baggerkonzept zu finden, die Firma Unit Rig & Equipment Co. in Oklahoma an. Unit Rig, heute zu Terex gehörend, hatte damals dank der „Lectra Haul"-Muldenkipper einen fabelhaften Ruf. Sollte eine solche Firma das Programm um ein neuartiges Förder- und Ladegerät ergänzen, wäre das eine erstklassige Referenz gewesen.

Nach der Begutachtung des „Satterwhite Wheel" im Einsatz entschloß man sich bei Unit Rig, weitere Tests im Kohleabbau durchzuführen. So gelangte das „Satterwhite Wheel" nach Rockdale in Texas. Bei den Tests baggerte die Maschine mehr Braunkohle als zuvor Erde, was Unit Rig endgültig bewog, sämtliche Patentrechte zu erwerben. Bei weiteren Tests in der Navajo-Kohlemine in New Mexico wurden stündliche Förderleistungen von 1450 m^3 in sehr harter, nur mühsam mit Raupen aufreißbarer, ungesprengter Steinkohle erzielt.

Daraufhin wurde 1978 mit dem Bau eines zweiten Prototyps begonnen, der nun nicht mehr „Satterwhite Wheel", sondern in Anlehnung an den Hersteller Unit Rig „Unimatic" hieß. Der leistungsfähigere, 113 t schwere, wiederum auf vier Luftreifen fahrende Prototyp verfügte mit 4,6 m um eine fast 50 Prozent größere Schnittbreite und mit 3,8 m um einen 20 Prozent größeren Schaufelraddurchmesser.

Lag es am Hersteller, der mit Muldenkippern Erfahrung hatte, oder tatsächlich an der gewünschten Mobilität? Der „Unimatic" fuhr wie der erste Prototyp auf vier Luftreifen, mit denen ja auch auf unebenem Untergrund die Vortriebskraft aufgebracht werden mußte. Jedenfalls sollte der

Durch die große Blockbreite und -höhe, die der WL-50 abbaggerte, konnten die zu beladenden Bodenentleerer oder Scraper (hier ein Cat 660) oft stehend beladen werden, mußten also nicht langsam neben der Maschine fahren. Der Antrieb der Schaufelräder erfolgte mechanisch über einen Drehmomentwandler, während die Förderbänder hydrostatisch angetrieben wurden. Später wurden auch beide Schaufelräder hydrostatisch bewegt Bild: Archiv Oberdrevermann

Mit dem seitlichen Beladeband war der WL-50 über 18 m breit, so daß genügend Freiraum zum bequemen Unterfahren vorhanden war, auch von zwei Bodenentleerer-Sattelzügen nebeneinander, die von einer Wechselschurre beladen wurden. Dies erübrigte das Unterbrechen des stetigen Materialflußes Bild: Archiv Oberdrevermann

Außergewöhnlich war das Fahren auf drei Raupen, also ähnlich wie bei den riesigen Schaufelradbaggern eine statisch bestimmte Drei-Punkt-Abstützung, die im Gelände deutlich besser als eine Zwei- oder Vier-Punkt-Abstützung mit zwei oder vier Raupen ist. Hier wurden 120 US-tons tragende Kohle-Bodenentleerer CT 120 von Wabco in New Mexico beladen Bild: Archiv Oberdrevermann

Die Förderbänder des WL-50 waren je nach Anwendung zwei- oder dreiteilig. Das große Abwurfband war hydraulisch höhenjustierbar und bot Bandgeschwindigkeiten bis 300 m/min. Durch ein Zusatzförderband konnte die Abwurfweite sekundenschnell verändert werden, damit auch zwei nebeneinander wartende Fahrzeuge abwechselnd zu füllen waren
Bild: Archiv Oberdrevermann

Vor dem vorderen Raupenfahrwerk leitete ein kleiner, hydraulisch verstellbarer Schrägschild Materialreste des vorangegangenen Schnittes dem Schaufelrad zu, so daß der WL-50 stets ein sauberes, ebenes Planum hinterließ. Im Hintergrund ist ein weiterer, versetzt arbeitender WL-50 zu erkennen, so daß beide Maschinen hier pro Durchgang einen etwa 6 m breiten und 4 m hohen Streifen abtrugen – pro Meter Vorschub also 24 m^3!

„Unimatic" dank seiner Luftreifen fünf- bis zehnmal schneller als eine Raupenmaschine umzusetzen und zu wenden sein.

Wie auch bei den „Lectra Haul"-Muldenkippern von Unit Rig üblich, erfolgte der Antrieb des „Unimatic"-Schaufelrades dieselelektrisch durch einen 1200 PS starken Motor von Cummins, Detroit Diesel oder Caterpillar. Die vier Räder und sämtliche Förderbänder wurden hingegen hydrostatisch angetrieben.

Nun muß eine weitere Eigenart des patentierten „Satterwhite Wheel" erwähnt werden: Bei üblichen Schaufelradbaggern fällt das Material nur durch die Schwerkraft auf das Förderband, was oft Probleme bei feuchten, klebrigen Böden bereitet. Beim „Satterwhite Wheel" und damit auch beim „Unimatic" werden die Grabgefäße dank einer patentierten Vorrichtung selbsttätig entleert.

Angeblich wurden 1979 sogar zwei „Unimatic" augeliefert, doch leider keinerlei Einsätze bekannt. In den folgenden Jahren blieb es still um diese Technik. Dennoch schien das Konzept ungeachtet aller technischen Fortschritte bei anderen Maschinengattungen weiterhin attraktiv zu bleiben.

Die Leute wollen es einfach nicht glauben

Charles Satterwhite bemühte sich, andere Hersteller und Firmen zu interessieren, zumal das neue Baggerkonzept bei Unit Rig inzwischen recht stiefmütterlich behandelt wurde. So erwarb 1985 der amerikanische Bergbaukonzern McNally Pittsburg die Konstruktions- und Fertigungsrechte des „Satterwhite Wheel".

Bild links: Dies hätte eine gänzlich neue Art von Baggern mit mehreren „vorwärts" drehenden Frontschaufelrädern werden können. Die von Foster-Miller geplante, 75 t wiegende Maschine sollte drei Schaufelräder von 3,4 m Durchmesser haben, die sich mit bis zu 13 U/min gedreht hätten. Insgesamt 15 Schaufeln mit je 0,2 m^3 Inhalt trugen das Material auf 3,44 m Schnittbreite ab
Bild Mitte und Bild rechts: Die Testmaschine von Foster-Miller ähnelte irgendwie einem alten Dampfbagger und basierte auf dem Raupenfahrgestell eines Grabenbaggers CL 320 von Cleveland. Für den Schaufelradantrieb sorgte ein 425 PS starker Cat-Diesel, für den Antrieb des Raupenchassis ein 238 PS starker Zwei-Takter von Detroit Diesel. Alle Antriebe waren hydrostatisch. Unglücklicherweise erwies sich das Chassis als stark unterdimensioniert und verursachte die meisten Probleme

Die drei nebeneinander befindlichen Schaufelräder konnten den Bagger ähnlich wie Zahnräder vorwärts ziehen, so daß für den Vortrieb der Maschine nur ganze zwei Prozent der installierten Motorleistung benötigt wurden. Dadurch konnte die Basismaschine klein und leicht sein

Die Einsatzversuche des kleinen Foster-Miller-Baggers verliefen trotz einiger Probleme äußerst befriedigend, so daß bald schon weitere Versionen in die Produktion gehen sollten. Dieser Mobilbagger wäre ähnlich aufgebaut gewesen wie der WL-50 von Barber-Greene, nur mit „vorwärts" drehenden Schaufelrädern, Luftreifen und Knicklenkung

Bild links: Auch wenn der kleine „Coal Excavator" von Foster-Miller mächtig viel Staub aufwirbelte, verschwand die Konstruktion leider bald wieder in der Schublade – trotz aller vielversprechenden Versuche und hohen Förderleistungen. Mit dem Ende der Energiekrise interessierte sich niemand mehr für energiesparende Bagger

Der von Charles Satterwhite gebaute Prototyp wurde ebenso wie die Rechte für Produktion und Vermarktung vom bekannten Muldenkipperhersteller Unit Rig („Lectra Haul", heute zu Terex gehörend) übernommen und etlichen Testreihen unterzogen. Unit Rig wollte so das Programm um „etwas andere Bagger" bereichern und sich so von der Konkurrenz unterscheiden

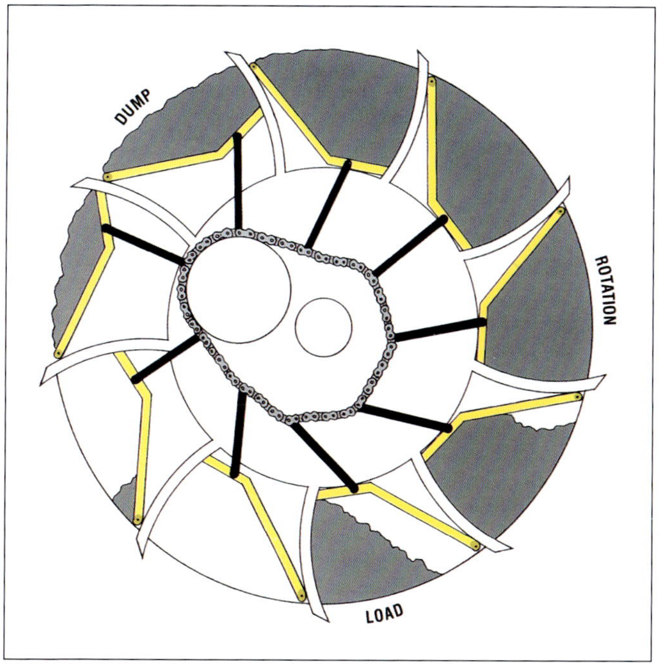

Bei normalen Schaufelradbaggern kleben oft Materialreste in den Schaufeln. Beim „Satterwhite Wheel" werden die Schaufeln deshalb durch eine patentierte Vorrichtung selbsttätig entleert. Die Schaufelrückwände sind an der Oberseite pendelnd aufgehängt und über Hebel mit einer umlaufenden Kette verbunden. An einer bestimmten Stelle an einer Umlenkrolle drückt der Hebel die entsprechende Rückwand vor und entleert damit die Schaufel rückstandslos

Bei Unit Rig waren die einsatzerfahrenen Ingenieure vom Konzept des „Satterwhite Wheel" so überzeugt, daß sie umgehend eine größere, ebenfalls luftbereifte Version konzipierten, den „Unimatic", hier beim Abtragen eines Kohleflözes und Beladen eines Unit Rig BD-180, damals mit 163 t (180 short tons) der größte Bodenentleerer der Welt. Unit Rig verglich den „Unimatic" bewußt nicht mit schwenkenden Schaufelradbaggern, sondern mit einem Schleppschaufel-Schreitbagger von etwa 15 m³ Kapazität

Die neue Baggertechnologie wurde bei McNally Pittsburg so euphorisch aufgenommen, daß umgehend ein dritter Prototyp entstand, nun erstmals auf zwei Raupenfahrwerken. Wie üblich, war auch dieser Prototyp größer als der vorherige.

Lyle Laughlin, Manager von McNallys Kansas Division, kommentierte die ersten Einsätze des neuen „Satterwhite Wheel" auf Raupen so: „Die Maschine ist einmalig. Da wurde wahrlich eine ganze Gruppe von Bagger- und Aushubmaschinen in einer einzigen vereint. Sie kann Abraum räumen und Kohle fördern – und das alles schneller, sauberer und kostengünstiger als sämtliche anderen Maschinenkombinationen."

Ganz realistisch wurden von Laughlin auch die Hürden genannt: „Eines der größten Probleme bei der Vermarktung der Maschine ist es, die Menschen zu überzeugen, daß die großen Förderleistungen und vielen Vorteile wahr sind. Die Leute wollen solche Dinge einfach nicht glauben. Ich aber habe unser ‚Satterwhite Wheel' zu oft im Einsatz gesehen, deshalb bin ich von seinen Leistungen mehr als überzeugt."

Das „Satterwhite Wheel" wandert zu Krupp

Arbeitete der neue Raupen-Prototyp wirklich so vielversprechend und erfolgreich? Wie dachte man bei McNally Pittsburg tatsächlich über das Baggerkonzept? Jedenfalls war Charles Satterwhite weiterhin von seiner Idee begeistert, was zwei Jahre später, 1987, zur Gründung der Satterwhite International Inc. führte. Diese Firma sollte sich ausschließlich mit der weiteren Entwicklung und Vermarktung der innovativen Schaufelradbagger beschäftigen.

Kenntnisse über die ebenso interessanten wie außergewöhnlichen Bagger gelangten auch über den „Großen Teich" nach Deutschland zu Krupp. Das Unterneh-

Die „Unimatic" von Unit Rig konnte durch Hydraulikzylinder an beiden Achsen seitlich geneigt werden (ebenso auch der dritte Prototyp, die spätere Raupenmaschine). Dadurch waren geneigt verlaufende Kohleflöze oder Zwischenmittel sauber abzubaggern oder an Hängen waagerechte Anschnitte zu beginnen. Hier sollte der „Unimatic" einen brandneuen Bodenentleerer BD-30 beladen, der später jedoch die Bezeichnung BD-145 erhielt

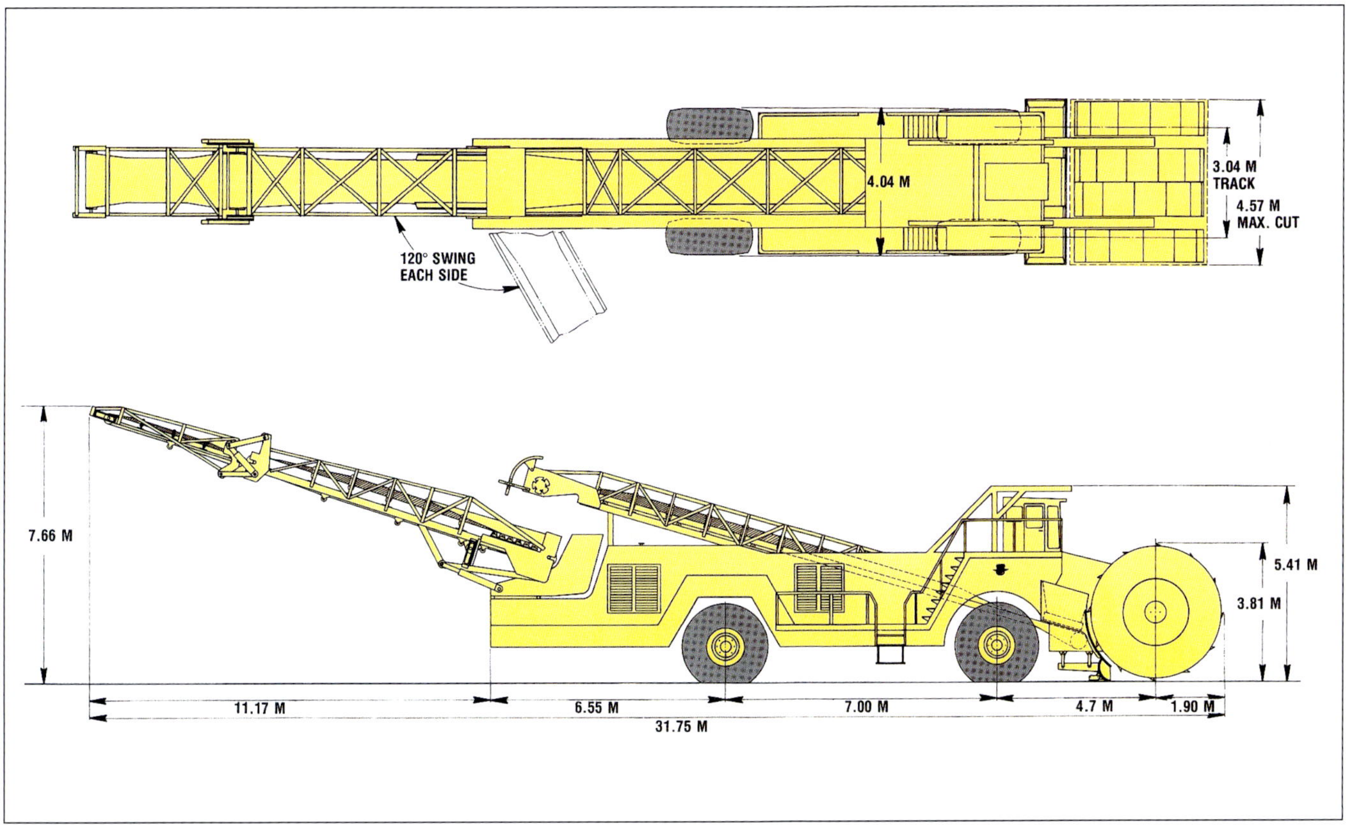

Der „Unimatic" war eine Maschine mit gewaltigen Dimensionen: Mit dem zu jeder Seite weit um 120 Grad schwenkbaren Abwurfband war er fast 32 m lang, die Basismaschine allein kam auf über 20 m Länge und 4,57 m Breite. Das Abwurfband war für die wechselseitige Beladung von Bodenentleerern vorgesehen

Beeindruckend wirkte die breite Schaufelradfront des „Unimatic", des möglicherweise einzigen gebauten. Unit Rig nannte in den Spezifikationen stündliche Förderleistungen von 1900 bis 2060 m^3 ungesprengter Steinkohle. Die Maschine wog 113 t und war mit einem 1200 PS starken Motor ausgestattet. Auffällig ist der fast überdimensioniert erscheinende ROPS-Schutzrahmen über der Kabine (ROPS=Roll Over Protection Standard; Überrollschutz)

Wie entstand der dritte Prototyp des „Satterwhite Wheel“ bei McNally Pittsburg? Basierte er auf dem modifizierten „Unimatic", oder war es eine komplette Neukonstruktion, nun erstmals auf Raupenfahrwerken? Deutlich zu erkennen sind die großen Hydraulikstempel über dem Raupenfahrwerk, mit denen die Front- und Seitenneigung der Maschine justiert werden konnte

men zählte damals zu den führenden Herstellern kompakter und auch riesiger Schaufelradbagger, wie sie zum Beisiel in der rheinischen Braunkohle eingesetzt werden.

So verkündete 1988, mehr als 20 Jahre nach der Erfindung von Charles Satterwhite, Krupp Industrietechnik den Erwerb der Satterwhite-Technologie. Man entschloß sich hierzu, weil in vielen zukünftigen Rohstoff-Lagerstätten Material sehr hoher Festigkeit abgebaut werden muß. Besonders im Steinkohletagebau sind Maschinen gefragt, die derartiges Material in ausreichenden Mengen wirtschaftlich lösen und laden können.

Der Prototyp auf Raupen wurde zum KSM 2000 umbenannt und 1989 über 3500 Betriebsstunden in einem Steinkohletagebau in Wyoming erprobt, oft im Rund-um-die-Uhr-Betrieb. In der Kohle förderte die Maschine stündlich 1300 m^3, in tonigem Zwischenmittel rund 1100 m^3 und in Abraum mit Sandstein-Einschlüssen 700 bis 750 m^3. Größere Materialbrocken wurden von den Schaufelrädern nicht aufgenommen und so lange vor den Rädern zertrümmert, bis sich ausreichend kleine Korngrößen von höchstens 400 mm ergaben.

Die Surface Miner von Krupp

Die tagebauerfahrenen Ingenieure bei Krupp wußten, daß Maschinen wie das „Satterwhite Wheel“ nicht in einer Standardgröße, sondern maßgeschneidert für die jeweiligen Betriebsbedingungen der Tagebaugruben angeboten werden sollten. Deshalb wurde der „Krupp Surface Miner“ KSM ab 1990 in einer sieben Modelle umfassenden Baureihe angeboten, die stündliche Förderleistungen von 1250 bis 8000 m^3 erzielen sollten.

Sämtliche KSM-Modelle waren von einheitlichem Grundaufbau mit standardisierten Hauptbaugruppen. Zur Anpassung an verschiedene Einsatzbedingungen wa-

Dies ist der weitgehend unbekannte Erfinder, Charles Satterwhite. Mehr als 20 Jahre seinen Lebens investierte er in die Perfektionierung seiner revolutionären Baggermaschine, leider vielleicht vergebens. Denn nach großen Ankündigungen und intensiver Berichterstattung wurde es auch bei Krupp inzwischen still um die Surface Miner

Beeindruckend sah das neue „Satterwhite Wheel“ schon aus, wenn sich die 44 Schaufeln seiner vier Schaufelräder in flottem Tempo durch den Boden fraßen, hier in einem Steinbruch in Texas beim Baggern eines 1,52 m tiefen, 89 m langen Einschnittes von neun Grad Neigung. Dazu benötigte die Maschine nur ganze 38 Minuten

Ohne Zweifel begegnet uns hier das „Satterwhite Wheel" von McNally Pittsburg als neuer Krupp Surface Miner KSM 2000. Tief mit seinen vier Schaufelrädern in einem Kohleflöz grabend, präsentierte Krupp das Konzept Ende der achtziger Jahre als willkommene Ergänzung seines Programmes kontinuierlich fördernder Tagebaumaschinen

In dieser Ansicht des KSM 2000 ist das ursprüngliche „Satterwhite Wheel" noch deutlicher zu erkennen, besonders in älteren Krupp-Veröffentlichungen noch mit dem Satterwhite-Schriftzug (unter der Kabine). Verwunderlich daran ist auch, daß Charles Satterwhite seine Maschine ja 1967 für den Straßenbau ersann, jedoch keinesfalls Einsätze im übertägigen Bergbau plante

Das „Satterwhite Wheel“ auf Raupen, ja eigentlich erst der dritte Prototyp eines derartigen Baggers, war ohne Kabine, aber sonst komplett montiert auf einem Tieflader zum Einsatzort zu bringen. Sogar das Förderband blieb dran, ragte aber weit nach vorn über die Zugmaschine

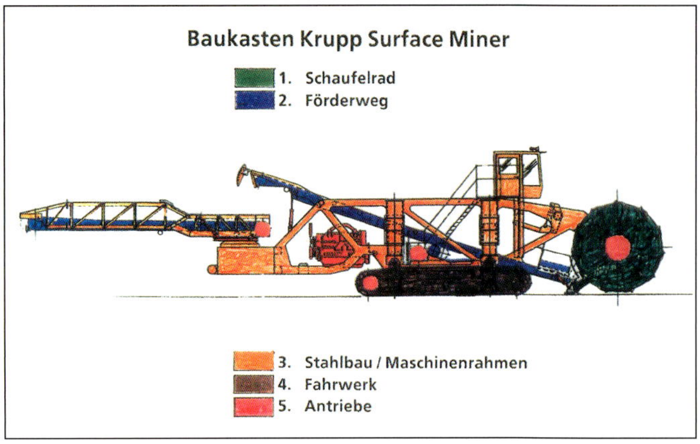

Die Krupp Surface Miner waren in allen Größen im Baukastensystem konstruiert, hier am Beispiel des ursprünglich noch bei McNally Pittsburg gebauten Prototyps auf Raupen dargestellt. Auch die Ähnlichkeit mit dem „Unimatic“ ist nicht zu verleugnen, nur scheinen Raupenfahrwerke aufgrund ihrer hohen Vortriebskräfte besser geeignet zu sein

Ein 410 t schwerer Koloß frißt sich mit vier großen Schaufelrädern unaufhaltsam näher – die ersten Einsatzerfahrungen mit dem Krupp KSM 4000 waren mehr als beeindruckend! Fast schon unscheinbar wirkte dagegen der nicht gerade kleine Euclid R-190 mit 172 t (190 sht) Nutzlast, der von dem weit ausgeschwenkten Förderband beladen wurde

Links: Eine außergewöhnliche Maschine entstand in einem Kohletagebau in Wyoming – so etwas gab es noch nie, solch ein Ungetüm hatte noch keiner gesehen! Krupp katapultierte das „Satterwhite Wheel" in passende Grödenordnungen für den Tagebau und montierte den ersten eigenen Krupp Surface Miner, das Modell KSM 4000

Unten: Die Seitenansicht veranschaulicht, welch beachtliche Dimensionen der Krupp KSM 4000 aufwies. Die beiden 8,1 m langen Raupenfahrwerke trugen eine samt Beladeband 32 m lange und 10,2 m hohe Tagebaumaschine. Als Antrieb sind hier sowohl ein Dieselmotor (oben Mitte) als auch ein Schleppkabel (hinten) für E-Motoren dargestellt

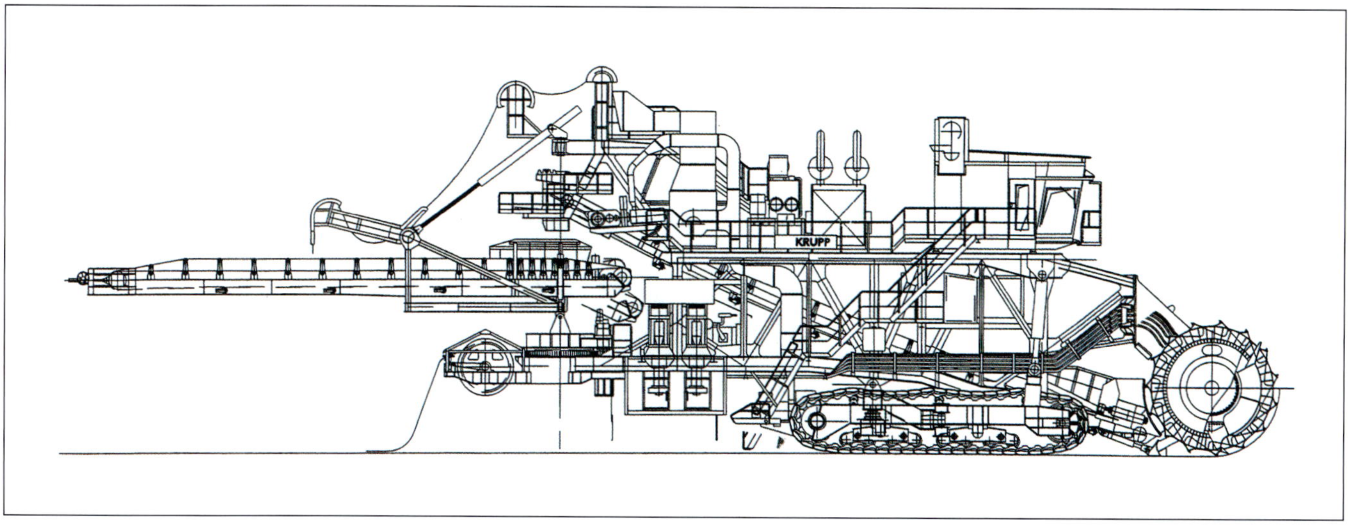

Der Anschnitt der Abraumschicht zeigt, in welch großer Blockbreite und -höhe der KSM 4000 das Material abtrug. Durch das schwenkbare, lange Ladeband konnten die Muldenkipper je nach augenblicklichem Abbaufeld und dessen Breite entweder „oberhalb" des KSM 4000 oder „unten" auf der Arbeitssohle beladen werden

Durch die hydraulische Verstellung der Längs- und Querneigung der gesamten Maschine konnte der KSM 4000 geneigten Flözverläufen folgen und an beliebigen Stellen selbständig Einschnitte beginnen. Die Heckansicht zeigt den komplexen Aufbau der gewaltigen Förder- und Lademaschine

Bild unten links: Die unmittelbar hinter den Schaufelrädern angeordneten Gleitkufen erfüllten gleich mehrere Aufgaben: Sie leiteten die Schnittkräfte vom Schaufelrad direkt in den Untergrund und nicht in die Raupen, sie ermöglichten dadurch einen gleichmäßigen Bodendruck unter den Raupen und sie ebneten die Arbeitsfläche

Bild unten rechts: Lang, lang war der Weg nach oben zur Kabine des KSM 4000, die eher der Kommandobrücke eines Schiffes ähnelte. Unter der Kabine ist der große Hydraulikzylinder zu erkennen, der sich über einen Trägerrahmen auf dem Raupenfahrwerk abstützt. Diese Art der Niveaueinstellung glich in gewisser Form der einer Schürfkübelraupe

ren unterschiedliche Versionen mit normaler oder verstärkter Antriebsleistung erhältlich.

Das sogenannte Gewinnungsorgan, also die vier nebeneinander angeordneten Schaufelräder, wurde über zwei Tragarme, die gleichzeitig die Eingangsstufen der Getriebe darstellten, am Maschinenrahmen gehalten. Das Prinzip der beweglichen Schaufelböden wurde auch bei den KSM beibehalten, um sogar bei extrem klebrigem Material die Zwangsentleerung der Schaufeln zu gewährleisten.

Dieses System beinhaltete eine Menge beweglicher Teile, sehr viele Lagerstellen, mehrere umlaufende Endlosketten und weitere Bauteile, die gewartet werden mußten und natürlich auch ausfallen können. Der Zugang zu dem innerhalb der Schaufelräder befindlichen Entleerungssystem war erst nach der Demontage der Schaufelböden möglich.

Der erste eigene Krupp Surface Miner, der nicht auf dem dritten Satterwhite-Prototypen basierte, war der mächtige, weil immerhin 410 t (nach anderen Angaben 380 t) wiegende KSM 4000. Die Maschine wurde 1990 für einen Steinkohletagebau in Wyoming in den Vereinigten Staaten gebaut. Beim dortigen Einsatz erzielte der KSM 4000 in Steinkohle mit einer mittleren Druckfestigkeit von 12,5 MPa stündliche Förderleistungen von bis zu 3000 m^3. Betriebliche Vorteile erbrachte der KSM 4000 auch beim selektiven Abtragen von Zwischenmitteln aus weichen Tongesteinen.

Neuer Einsatz in Sibirien

Für den Einsatz in einem westsibirischen Steinkohle-Tagebau unterzeichnete Krupp 1993 mit dem Russischen Bergbau-Institut Rosugol einen Vertrag zur Lieferung eines Surface Miners KSM 2000 R. Die Typenbezeichnung war etwas irreführend: Tatsächlich handelte es sich um den stark modifizierten KSM 4000, der aus seinem amerikanischen Einsatz entfernt und nach Sibirien verfrachtet wurde.

Für die Arbeit im eisigen Klima wurde seine Förderleistung um ganze 50 Prozent auf stündlich 2000 m^3 zurückgestuft. Das alles sollte jedoch in der Fachpresse nicht erwähnt werden. Deshalb wurde auch nur selten das Einsatzgewicht genannt, das

Zur Vermarktung der Krupp Surface Miner wurde sogar eigens ein auffälliges Logo entworfen: Der Begriff „The Mighty Miner" zielte deutlich auf den internationalen Markt. Wie lau hätte die deutsche Übersetzung „Der mächtige Bergarbeiter" oder vielleicht „Der starke Bergmann" geklungen…

Unten: Stündlich sollten mit dem KSM 4000 in Wyoming 3500 t Steinkohle gewonnen werden, ohne sprengen zu müssen. Die Lieferung des Surface Miners und die mit dem Auftrag verbundenen Leistungen umfaßten Ende 1989 einen Wert von rund 9 Mio. Mark (was heute etwa 4,5 bis 5 Mio. Euro entsprechen würde). Der KSM 4000 wurde in dem Kohletagebau nur in den Jahren 1991 und 1992 eingesetzt

Mit jedem Meter Vortrieb „flossen" bei einer solchen Abbauhöhe ungefähr 20 m³ Abraum in die Mulde – pro Minute rückte der Riese 1,5 bis 2 m vor. Die beiden hinter der breiten „Kommandobrücke" angeordneten Dieselaggregate mit 2720 PS Gesamtleistung versorgten den KSM 4000 mit elektrischer und hydraulischer Energie. Auffällig waren die großen, glänzenden Lüfterkanäle

mit 527 t fast 30 Prozent über dem KSM 4000 lag – der ja gemäß Typenbezeichnung doppelt so viel förderte wie der KSM 2000 R. So wurde der Eindruck erweckt, daß ein weiterer KSM gebaut wurde und zum Einsatz gelangte.

Die Maschine baggerte ab Mai 1996 im Tagebau Taldinskij 4000 km östlich von Moskau in einer Mehrflözlagerstätte Abraumgesteine wie Schiefertone und weiche Sandsteine mit einer mittleren Druckfestigkeit von 30 Mpa, aber auch feste Steinkohle. Im Winter sinken die Temperaturen dort auf unter -40 Grad Celsius, im Sommer werden nicht selten über 35 Grad Celsius erreicht. Trotz schwerer Grabbedingungen lag die durchschnittliche Förderleistung im kontinuierlichen Betrieb bei 1400 m³ pro Stunde, in einigen Tests sogar bei 1800 m³, was 4482 t Steinkohle entsprach.

Durch den geradlinig wirkenden Raupenvorschub wurde eine bis zu fünfmal höhere Grabfähigkeit und Eindringkraft als bei konventionellen schwenkenden Schaufelradbaggern erzeugt! Außerdem leiteten Gleitkufen hinter den Schaufelrädern die Grabkräfte unmittelbar in den Boden ab und sorgten so stets für die optimale Traktion der beiden Raupenfahrwerke.

Zum Erzielen der hohen Leistungen stand am Schaufelradantrieb eine mittlere Antriebsleistung von 1560 PS zur Verfügung. Das frontseitige Schaufelrad konnte 7,1 m breite und 2,9 m hohe Blöcke abbauen. Damit war auch hier der Vorschub ausreichend klein, daß die vom schwenkbaren Heckband zu beladenden Muldenkipper nicht mitfahren mußten, sondern stehen konnten.

Immerhin berichtete Victor M. Zykov von der russischen Union der Kohleprodu-

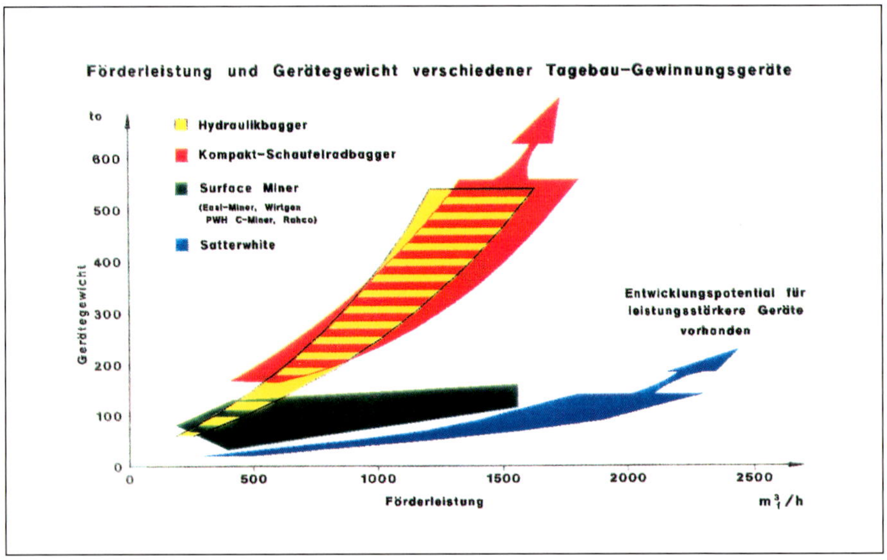

Durch seine Vorzüge hatte der KSM ein Gewichts/Leistungs-Verhältnis, das andere Maschinen wie Kompaktschaufelradbagger (rot), Hydraulikbagger (gelb) oder Radlader in härteren Materialien auch nicht annähernd erreichten. Deshalb konzipierte Krupp eine ganze Baureihe, angefangen beim KSM 1250 bis hin zum KSM 8000 (blau), die sogar deutlich günstiger arbeiten sollten als andere Surface Miner (grün)

zenten 2001: „In Russland wurde gemeinsam mit Krupp Fördertechnik aus Deutschland eine neue Gewinnungsmethode für den Tagebau entwickelt – Surface Miner (KSM). Mit dieser neuen Methode, die im Tagebau Taldinskij in Kuzbass für zwei Jahre betrieben wurde, wurden sämtliche Bohr- und Sprengarbeiten erübrigt, die Förderleistungen drastisch erhöht und die Gesamtkosten um 30 Prozent reduziert."

Hat das „Satterwhite Wheel" Zukunft?

Als generelle Einsatzgebiete der Surface Miner nannte Krupp sprödbrechende Materialien. Einsatzgrenzen ergaben sich im Lockergestein, insbesondere in bindigen Böden mit plastischer Konsistenz, und in Richtung festerer Gesteine. Solche Einsatzgrenzen entstanden durch die begrenzte Einzelkraft pro Meißel am Schaufelrad bei einer noch wirtschaftlichen Spantiefe und einem beherrschbaren Meißelverschleiß.

Krupp konzipierte für die KSM-Baureihe ganze Tagebausysteme und Abbauverfahren. So konnten unter Verwendung eines KSM und mobiler Förderbandmodule sowie konventioneller, rückbarer Strossenbandanlagen Flöze auch durch eine um bis zu sechs Grad schiefe Ebene in Abbaurichtung bequem aufgeschlossen werden. Eine solche schiefe Abbauebene hätte sich über die gesamte Tagebaulänge erstreckt und wäre in entsprechend geneigten Scheiben vom KSM abgetragen worden. Dabei hätte jede Scheibe aus einer Vielzahl nebeneinanderliegender Blöcke bestanden, deren Breite von der Schnittbreite des KSM bestimmt worden wäre. Der Abraum oder Rohstoff wäre demnach im Streifenabbau während des Vor- und Zurückfahrens auf der schiefen Ebene gewonnen worden.

Auch heute noch werden die KSM vom ThyssenKrupp-Konzern angeboten. Betont wird neben der kontinuierlichen Arbeitsweise besonders das Zerkleinern des Materials ohne jegliches Bohren und Sprengen. Von weiteren KSM-Einsätzen wurde jedoch bislang leider nichts bekannt. Gezeigt wird nach wie vor der in Sibirien arbeitende KSM 2000 R – der ja eigentlich ein zurückgestufter KSM 4000 und damit immer noch der erste Krupp-Prototyp war.

Auch fast 40 Jahre nach der Erfindung von Charles Satterwhite lebt das Konzept demnach weiter. Aber was trotz aller Überzeugung der Beteiligten und der Ingenieure irgendwie fehlt, sind eine breitere Akzeptanz und wenigstens einige Erfolge auf dem Markt. Es bleibt also abzuwarten, wie sich das „Satterwhite Wheel" als Krupp Surface Miner in „Good Ol' Germany" zukünftig entwickeln wird…

Der (vorerst?) letzte Einsatz eines Krupp Surface Miners und damit auch des „Satterwhite Wheel" fand im fernen Sibirien statt. Der KSM 2000 R war auf 527 t Gewicht und 7,1 m Schnittbreite angewachsen. Die nun etwas anders aussehenden Schaufelräder wurden nicht von Krupp, sondern von der russischen Firma Ischora-Kartex aus St. Petersburg gebaut, die Schneidleisten und Zähne stammten von Pigma, einer Vertretung des US-Herstellers Kennametal in Moskau

Fräsen

Steiniger Weg zum Erfolg

Aus den vorangegangenen Kapiteln wissen wir, daß der Begriff Surface Miner eine äußerst breit gefächerte Vielfalt unterschiedlicher Maschinen und Systeme umfaßt. In Deutschland werden jedoch mit dem Begriff Surface Miner meist nur fräsend arbeitende Maschinen aus dem Hause Wirtgen in Verbindung gebracht.

Hier kommen wir zu einer weiteren Art kontinuierlich arbeitender Förder- und Lademaschinen, zu den sogenannten Oberflächenfräsen. Diese Art der Surface Miner geht auf frühe Entwicklungen in den Vereinigten Staaten der siebziger Jahre zurück.

Das Verfahren bietet nicht nur den Vorteil des kontinuierlichen Abbaues und Verladens, sondern auch des selektiven Abtragens und der Zerkleinerung des Materials. Dies erspart den Aufwand für Bohren, Sprengen und Nachzerkleinerung, also Bohrgeräte, Sprengtechnik und Brecher. Deshalb wirbt Wirtgen beispielsweise auch mit dem Slogan „Surface Mining = Simple Mining". (Dies müßte eigentlich mit „Tagebau = einfacher Bergbau" übersetzt werden, trifft aber wie der englischsprachige Slogan nicht genau zu: Keineswegs ist der Tagebau einfach…)

Tagebaufräsen lösen mit ihren Fräswalzen weiches bis mittelhartes Gestein, Kalk und Kreide, Kohle aller Art und anderes Material. Das Schneiden und Lösen, Zerkleinern und Verladen erfolgt in nur einem Arbeitsgang. Daher reichen die Einsatzmöglichkeiten solcher Fräsen vom Anlegen neuer Trasseneinschnitte in Felsböden über das Nivellieren und Absenken von Tunnelsohlen bis zur selektiven Gewinnung hochwertiger Rohstoffe.

Das Fräsen startete in Amerika

Vielversprechend waren Versuche, die bei härteren und felsigen Bodenschichten von einem fräsenden Materialabtrag ausgingen. Die ersten Maschinen dieser Art baute der amerikanische Hersteller CMI bereits 1974, die aus Kaltfräsen zum Abtragen von Straßenbelägen für den Gewinnungseinsatz modifiziert wurden.

Man wollte die Technik, die sich zum Abfräsen alter Straßenbeläge bewährt hatte, auf Bau- und Bergbaumaschinen übertragen. Die Fräsen von CMI wurden damals jedoch noch nicht Surface Miner

Neben Schaufelradbaggern gehören Surface Miner zu den meist verbreiteten kontinuierlich arbeitenden Maschinen. Die größten Surface Miner erbringen gewaltige Leistungen: Jeder dieser drei 4200 SM von Wirtgen wiegt 191 t, hat 1623 PS Motorleistung und schneidet mit der Frästrommel auf beachtlichen 4,2 m Breite bis zu 80 cm tief durch Fels und härteste Mineralien

genannt, sondern etwas befremdlich „Trimmer Auger" oder zutreffender „Excavator Loader".

Der amerikanische Hersteller baute seine „Excavator Loader" in zwei Versionen, und zwar als TR-225 M mit 18 t Gewicht und als 25 t schweren PR-375 M. Beide Maschinen fuhren auf nur drei Raupenfahrwerken. Hinter der vorderen, lenkbaren Einzelraupe rotierte eine mit Meißeln bestückte Frästrommel mit 76 cm Durchmesser, die das Material zerkleinerte und so das Fördern harter Materialien ohne Aufreißen, Hämmern oder Sprengen und ohne nachträgliche Zerkleinerung erlaubte.

Mit dem TR-225 M waren Schnitte von 2,85 m Breite bei bis zu 34 m/min Vortriebsgeschwindigkeit möglich. Ein 114 PS starker Cat-Dieselmotor trieb Frästrommel, Förderbänder und Raupenfahrwerke hydrostatisch an. Zum Umsetzen konnte der „Excavator Loader" vorwärts wie rückwärts 4 km/h schnell fahren. Das Abwurfband des „Excavator Loader" war um 180 Grad schwenkbar, um mitfahrende Lkw nach rechts oder nach links hin beladen zu können.

Die Maschinen von CMI wurden vornehmlich für Einsätze in kleinen Tagebaugruben konzipiert, besonders zum Abtragen dünner Rohstoffschichten wie Kohleflöze, wo mit durchschnittlich 152 mm Frästiefe gearbeitet wurde. Vereinzelt kamen die „Excavator Loader" auch auf Baustellen mit sehr harten, festen Böden zum Einsatz, wo sonst Aufreiß- oder gar Sprengarbeiten unumgänglich gewesen wären.

Der „Easi-Miner" bereitete den Weg

Stärker zielten die ersten kontinuierlich arbeitenden Maschinen der 1967 gegründeten amerikanischen Huron Manufacturing Co. aus South Dakota auf Einsätze im Tagebau. Ab 1978 entstand dort die bis heute bestehende Baureihe der „Easi-Miner", sehr fortschrittliche Konstruktionen, die den Bau von Tagebaufräsen maßgeblich beeinflußten. Die Entwicklung begann aufgrund einer Anfrage des US-Unternehmens Morrison Knudsen zum Abbau von Braunkohle in zwei großen Lagerstätten in Texas.

Ein „Easi-Miner" ist eine auf vier individuell in der Höhe verstellbaren Raupenfahrwerken arbeitende Fräsmaschine, die bei unterschiedlichen Abtragstiefen stets waagerecht fräsen kann und ein ebenes Planum hinterläßt – wichtig für den selektiven Abbau dünner Flöze und Zwischenmittel.

Der erste „Easi-Miner", der Typ 1224, war 127 t schwer und wurde von einem 1200 PS starken Cummins-Motor angetrieben. Die in der Mitte zwischen den vorderen und hinteren Raupenfahrwerken angeordnete, mit schnell auswechselbaren Schneidzähnen bestückte Frästrommel mit 2,13 m Durchmesser legte Schnitte in einer Breite von 4,14 m an. Als größte Frästiefe wurden 76 cm erreicht. Bei zu harten Materialien schaltete sich der Fräsantrieb zur Schonung des „Easi-Miner" automatisch ab.

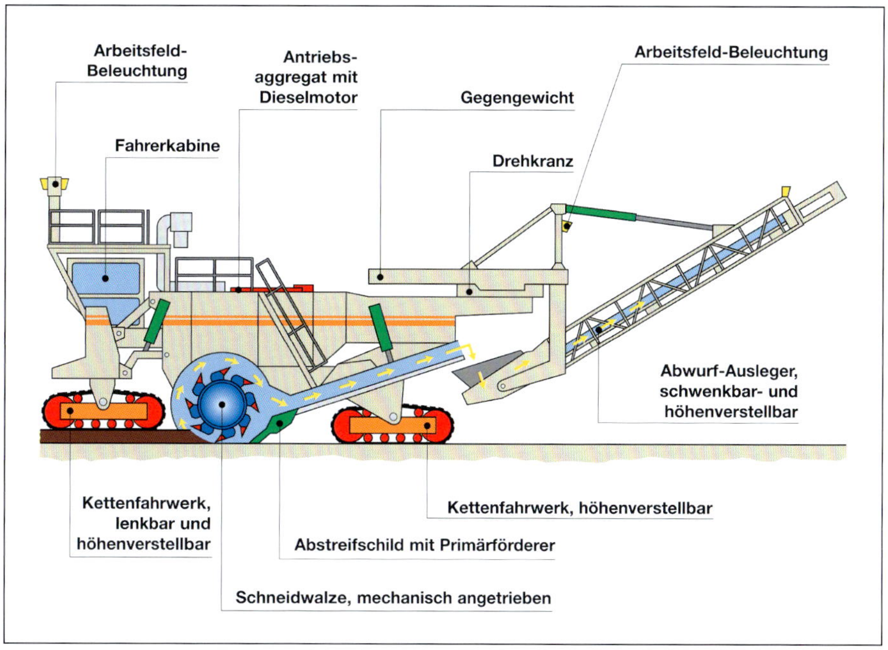

Der Querschnitt des Wirtgen 4200 SM zeigt deutlich die mittig angeordnete Schneidwalze (Frästrommel) und das integrierte Förderband. Surface Miner basierten zwar ursprünglich auf modifizierten Straßenfräsen (Kaltfräsen), unterscheiden sich heute aber erheblich von ihren Urahnen

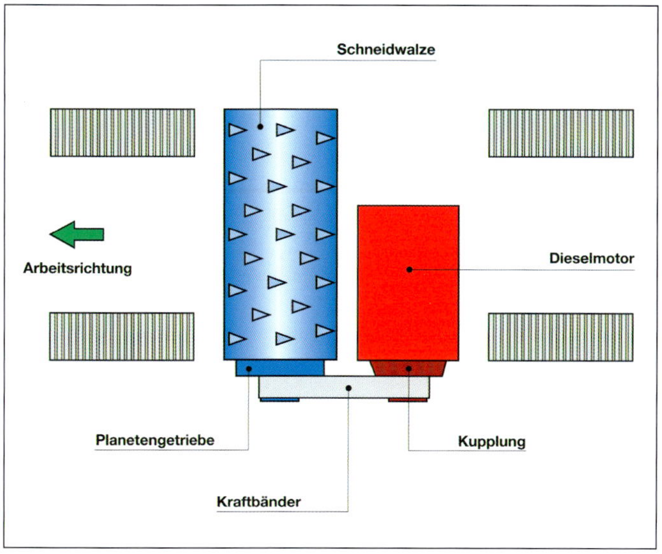

Links: Die Schneidwalze, auch Frästrommel genannt, muß im Einsatz dauerhaft unter Höchstleistung arbeiten. Deshalb wählt Wirtgen eine direkte mechanische Kraftübertragung mittels Kupplung, Kraftbändern und Planetengetriebe. Ein solches System bietet einen deutlich höheren Wirkungsgrad als eine hydrostatische Kraftübertragung

Ein Surface Miner wandelt sich zum „Underground Worker“: Die für den Tagebau konzipierten Surface Miner von Wirtgen übernehmen auch den kompletten Ausbruch von Tunnelsohlen mit Förderleistungen bis zu 500 m^3 in einer Schicht. Durch das automatische Nivelliersystem wird das Gestein profilgenau geschnitten und in einem Arbeitsgang verladen, hier im Baregg-Tunnel in der Schweiz beim Beladen eines Niederhubkippers KV 25 N für 25 t Nutzlast von Kaeble

Die Vortriebsgeschwindigkeit konnte stufenlos zwischen 1,5 und 20 m/min reguliert werden. Beim Wechsel der mitfahrenden Bodenentleerer, der ja in kürzester Zeit anzustreben ist, stoppte der Fahrer über einen Schalter Frästrommel, Gerätevorschub und das Ladeband für einen kurzen Moment, danach wurde die Förderung zum Beladen des nächsten Fahrzeuges wieder aufgenommen. Das 15,2 m lange Ladeband konnte auch große Muldenkipper mit hohen Bordwänden füllen.

Der „Easi-Miner“ erbrachte je nach Boden- und Rohstoffart stündliche Förderleistungen zwischen 2500 und 3500 t. So wurden zum Beispiel mitfahrende Bodenentleerer für 110 t Nutzlast in durchschnittlich weniger als zwei Minuten mit ungesprengter Steinkohle beladen.

Dünne Flöze von nur 0,3 bis 0,7 m Mächtigkeit mit drei Zwischenmitteln von jeweils etwa 0,3 m Mächtigkeit wurden vom „Easi-Miner“ erfolgreich selektiv abgetragen. Die gewonnene Kohle wies dank der neuen Abbaumethode eine sehr hohe Reinheit von 95 Prozent auf, was bei derartig dünnen Flözen mit anderen Gewinnungsmethoden keinesfalls zu erreichen gewesen wäre.

Der „Easi-Miner“ baute Flöze und Schichten bis hinab zu 0,15 m Mächtigkeit ab. Auch die Gefahr des Durchbrechens durch dünnste Kohleflöze war wegen des geringen Bodendruckes der vier Raupenfahrwerke nicht gegeben. Die Korngröße der gewonnenen Materialien betrug nach einem Durchgang weniger als 200 mm, somit war das nachfolgende Brechen nicht nötig. Außer in Steinkohle wurden „Easi-Miner“ in weicher Braunkohle, in Schiefer, in Ton- und Mergelböden sowie in Lehm eingesetzt.

Bei Huron wurde auch ein kleinerer „Easi-Miner“ 1018 entwickelt. Einsätze der 45 t schweren und 750 PS starken Maschine waren jedoch selten, so daß sich der Hersteller fortan auf den „Easi-Miner“ 1224 konzentrierte. Für die Qualität und Leistungen dieser Maschine spricht die Tatsache, daß der 1224 in überarbeiteter Form bis in die Gegenwart gebaut wird.

Zudem gewährleistet der amerikanische Hersteller weltweit einen vorbildlichen Service. „Wir arbeiten mit der Huron Corporation seit 30 Jahren zusammen. Sie bauen die besten Maschinen auf dem Markt. Weil alle Maschinen aus qualitativ hochwertigem Material bestehen, halten sie weit über die normale Lebensdauer hinaus“, beschreibt ein Kunde aus Kalifornien die Maschinen.

Dies ist der Urahn aller auf Fräsen basierender Surface Miner: Straßenfräsen wurden vom amerikanischen Hersteller CMI ab 1974 für das Lösen und Verladen von Kohle modifiziert. Dieser TR-225 M „Exacavator Loader“ wog 18 t und wurde von einem 210 PS leistenden Motor vollständig hydrostatisch angetrieben. Seine hintere Frästrommel war 2,85 m breit und hatte 65 cm Durchmesser. Mit 3 m Breite und 15,2 m Länge (samt Ladeband) war der TR-225 M recht kompakt und einfach zu transportieren

Versuchseinsatz des TR-225 M von CMI bei der Dundee Coal Ltd. in Natel in Südafrika Mitte der siebziger Jahre: Da dort 2,2 m mächtige Kohleflöze mit dünnen Lehmschichten durchsetzt waren, wurde die Steinkohle beim Baggern stets verunreinigt. Mit dem TR-225 M konnte auf rund 15 mm genau gefräst und somit Lehm und Kohle säuberlich getrennt abgebaut werden

In den ersten 1200 Einsatzstunden förderte der TR-225 M von CMI durchschnittlich 180 t Kohle pro Stunde mit Spitzenwerten von 270 t. Meist wurde die Kohle von seiner Frästrommel in 203 mm dicken Lagen abgetragen und in die dort eingesetzten MAN-Muldenkipper verladen. Das Verfahren erübrigte auch das Waschen und Brechen der Kohle

Die Baureihe der „Easi-Miner" beinhaltet heute zwei Modelle, den inzwischen rund 152 t und mit einem Cummins-Motor nach wie vor 1200 PS leistenden 1224 und einen brandneuen, kleineren „Easi-Miner" 475, der mit 67 t Gewicht ungefähr nur halb so groß ist wie der 1224. Der erste 475 wurde an einen indischen Kohletagebau ausgeliefert und soll sich dort bestens bewähren.

Von der Straßenfräse zum Surface Miner

Die deutsche Firma Wirtgen aus Windhagen, heute gemeinsam mit Hamm und Vögele einer der weltweit führenden Anbieter von Straßenbaumaschinen, befaßte sich Ende der siebziger Jahre ebenfalls mit der Modifikation von Kaltfräsen zum Abtragen alter Straßenbeläge zu Felsfräsen für den Baustellen- und Tagebaueinsatz.

Zur Vorstellung des neuen Maschinenkonzeptes hieß es 1982 bei Wirtgen: „Sie werden sich vielleicht wundern, was ein Hersteller von Straßenfräsen mit Bergbautechniken zu tun hat." Nun folgten ausführliche Darstellungen über die historische Entwicklung des Straßen- und des Bergbaues. Doch hören wir weiter: „Nach der sogenannten Ölkrise, von der unsere

1977 wurde von CMI für die Decker Coal Company in Montana der 25 t wiegende TR-375 M entwickelt, um ein nur 60 cm dickes Flöz selektiv abzutragen. Das Flöz wurde durch eine gleich dünne Schiefer- und Lehmschicht vom Hauptflöz getrennt. Um die Kohle aus dem dünnen Flöz zu gewinnen und nicht mit dem Abraum zu verlieren, bot sich mit der Maschine von CMI die einzig praktikable Lösung und ein neues Abbauverfahren. Die aufgehäuften Kohleschwaden wurden vom einem Cat-Elevatorscraper aufgenommen und abtransportiert

Die CMI-Maschinen basierten auf Straßenfräsen, doch nun kamen die echten „Tagebaufräsen" in Schwung: 1978 präsentierte Huron aus South Dakota ihren ersten „Easi-Miner" Typ 1224, einen 127 t schweren und 1200 PS starken Koloß, dessen vier Raupenfahrwerke sich einzeln hydraulisch in der Höhe verstellen ließen. Der Ausdruck „Easi-Miner" wurde inzwischen international sogar zu einem Gattungsbegriff der fräsend schneidenden Surface Miner

Huron „Easi-Miner" beim Beladen eines 110 t tragenden Bodenentleerer-Sattelzuges von Mack mit gelöster, klein gebrochener Steinkohle. Schön ersichtlich ist die hydraulische Verstellung der Raupenfahrwerke, um mit der einen Seite auf der noch nicht gefrästen Kante zu fahren. Der „Easi-Miner" schnitt 4,14 m breit und bis zu 76 cm tief

Die Bildcollage von Huron zeigte, wie vielseitig der „Easi-Miner", der Urahn der heutigen Surface Miner, einzusetzen war. Im Uhrzeigersinn in Ton, Schiefer, Abraum, Deckböden, Mineralien, Zwischenmitteln, und im Zentrum, Kohle. Oben rechts und unten links ist der kleine „Easi-Miner" 1018 zu erkennen.
Der „Easi-Miner" erlangte im Kohletagebau, wie in der Mitte der Collage dargestellt, der Vereinigten Staaten in den siebziger und besonders achtziger Jahren einige Verbreitung und machte das Konzept der fräsenden Gewinnung bekannt. Mit der großen Frästrommel von 2,13 m Durchmesser konnten sowohl sehr dünne als auch dicke Flöze wirtschaftlich abgebaut werden. Das 15,2 m lange und 1,37 m breite Ladeband schwenkte um 240 Grad

beiden Industriezweige profitiert haben, wurde durch die hohen Kosten für Bitumen ein weiterer Bedarf an einer neuen Technologie geschaffen: das Recycling. Damit diese neuen Asphaltanlagen wirtschaftlich arbeiten, mußte die Leistung der Fräsen drastisch erhöht werden. Geräte, die kontinuierlich 500 t/h fräsen, waren nun an der Tagesordnung."

Die Leistungen der Wirtgen-Fräsen beim Abtragen von Asphalt führten also direkt zur Entwicklung der Surface Miner, nur deutlich erfolgreicher als beim Wegbereiter CMI in den Vereinigten Staaten. Der erste Surface Miner, damals von Wirtgen noch als „Oberflächenfräsmaschine" bezeichnet, wurde 1981 im Tagebau Frimmersdorf der Rheinischen Braunkohlenwerke AG eingesetzt.

Bald folgten weitere internationale Einsätze, die das Konzept bestätigten: 1983 wurde der nächste Surface Miner, ein 1900 SM, zum Gipsabbau an Rhino Gypsum nach Granaatsboskolk in Südafrika geliefert. Bei der Auftragserteilung wurde eine stündliche Förderleistung von 80 t gefordert, durchschnittlich erreichte der 1900 SM jedoch 160 t/h – das Doppelte! – und in Spitzenzeiten sogar 220 t/h. Als dritter Surface Miner wurde 1985 ein 3500 SM an die texanische Rock Tech Inc. für die Straßentrassierung im Kalkstein ausgeliefert.

Schon damals konnte Wirtgen eine aus vier Modellen bestehende Baureihe von „Oberflächenfräsen" anbieten. Kleinste war die auf drei Raupen fahrende, 27 t

Probeeinsatz der Wirtgen-Oberflächenfräsmaschine 3000 SM im Tagebau Frimmersdorf der Rheinischen Braunkohlenwerke: Beim kontinuierlichen Einsatz der 750 PS starken Maschine wurden 1981 stündliche Förderleistungen von rund 1000 t erzielt. Das Maschinenkonzept war damals hauptsächlich für den selektiven Abbau dünner Flöze vorgesehen

Der bullig wirkende 3000 SM mit 3 m Schnittbreite der Frästrommel war der Urahn der heutigen Surface Miner von Wirtgen. In der Fachpresse wurde die Oberflächenfräse 1984 mit der Überschrift „Die Fräsmaschine 3000 SM als neues Tagebaugerät" vorgestellt. Ohne schwenkbares Ladeband war die Drei-Raupen-Maschine 11,1 m lang, mit Ladeband 21,2 m

Der zweite Surface Miner von Wirtgen wurde ab 1983 beim Gipsabbau in Granaatsboskolk in Südafrika eingesetzt. Bei bis zu 45 Grad Celsius im Schatten fräste dort ein 27,4 t schwerer und 400 PS starker 1900 SM mit durchschnittlich 18 m/min Arbeitstempo 12 bis 15 m mächtige Gipslager ab. Übrigens werden hier die zu jener Zeit kleinsten Bell-Muldenkipper beladen, die mehr an Traktor-Gespanne denn an Knicklenker erinnern. Der hinter der Kabine sitzende Mitarbeiter gab den Fahrzeugführern Zeichen für die Wagenwechsel

Anders als der Name Surface Miner vermuten läßt, gelangte bereits die dritte Maschine von Wirtgen nicht in den Tagebau, sondern auf eine Baustelle. Ein 60 t wiegender 3000 SM mit 750 PS Motorleistung fräste zur Trassierung einer neuen Straße nahe San Antonio in Texas mittelharten bis sehr harten Kalkstein. 20-t-Lkw wurden hier in zwei Minuten beladen. Später stellte der 3000 SM auch ein Planum für den Einbau der Asphaltdecke her

schwere 1900 SM, größte die rund 100 t wiegende 3800 SM auf vier Raupenfahrwerken. Durch die günstigen Abmessungen von nur 2,3 m Breite und das niedrige Gewicht eignete sich die 1900 SM besonders für den einfachen Transport zu Baustellen, also nicht nur für die stationäre Gewinnungsindustrie.

Doch erst ab 1988 wurde ein Wirtgen Surface Miner dort eingesetzt, wofür die Maschinen eigentlich konzipiert waren, nämlich im Kohletagebau. Ein 3000 SM wurde für den selektiven Abbau von Kohle und Zwischenmitteln zu den Western Collieries nach West-Australien verkauft, 1989 gefolgt vom bislang größten Wirtgen Surface Miner 4200 SM für die australische R. W. Miller Co. zum Einsatz im Mount Thorley-Kohletagebau.

In Lybien schnitt dieser Wirgten Surface Miner 2100 SM für eine Wasser-Pipeline einen 4 m tiefen Graben mit 5,4 m Sohlen- und 8 m Kopfbreite durch hartes Karbongestein, das sofort auf Lkw geladen wurde. Bei solchen Arbeiten erzeugen Surface Miner stabile Böschungen, die bis zu 70 Grad steil sein können

Ende 1989 fräste ein 2600 SM in Slowenien zum Ausbau der Hauptstraße zwischen Triest und Ljubljana äußerst harten Kalkstein von 120 Mpa Festigkeit und sehr hohem spezifischen Gewicht von 2,7 t/m³ ab. Wegen des dichten Verkehrs konnte nicht gesprengt werden. Stündlich wurden 40 bis 80 m³ gelöst und verladen, wobei statistisch nur ein Meißel pro 11 m³ verschlissen wurde. Ingesamt trug der 2600 SM hier 50 260 m³ ab

Ausgefeilte Technik „made in Germany"

Der Start der Surface Miner von Wirtgen verlief erfolgreich – die Maschinen wurden ständig weiterentwickelt und bis heute weltweit zu zahlreichen Einsätzen herangezogen. Die Zahl in der Typenbezeichnung der Maschinen spiegelt die Schnittbreite in mm wider.

All diese Surface Miner bewegen sich auf drei oder vier Raupenfahrwerken, eine horizontale Frästrommel in der Gerätemitte löst und bricht über die gesamte Breite kontinuierlich Böden aller Art. Ein integriertes Förderband nimmt das von der als Doppelhelix ausgeführten Frästrommel zur Mitte gebrachte, gelöste und gebrochene Material auf und übergibt es auf ein um 180 Grad schwenkbares Ladeband.

Die Einstellung der Frästiefe geschieht über die hydraulische Höhenjustierung jedes einzelnen Raupenfahrwerkes und kann daher dem Verlauf von Schichten und abfallenden Flözen exakt angepaßt werden. Der hydrostatische Fahrantrieb erlaubt eine hervorragende Angleichung an die Einsatzgegebenheiten. Bei den größeren Maschinen gewähren mehrere Videokameras dem Fahrer auf Bildschirmen in der Kabine jederzeit Einsicht in wichtige Maschinenbereiche. Die Arbeitstiefe und Querneigung werden automatisch geregelt.

Als Option war schon in den achtziger Jahren ein auf Infrarot basierendes Sensorsystem erhältlich, mit dem sich unterscheidende Bodensorten erkannt werden konnten. Das System gestattete die optimale Einstellung der Frästiefe zum exakten selektiven Abbau. Sogar abkippende Flöze ließen sich dank zweier Sensoren auf jeder Seite der Frästrommel verfolgen. Um Störungen, verursacht durch Staubaufwirbelungen im Bereich der Frästrommel, zu vermeiden, wurde ständig Druckluft vor die Sensorlinsen geblasen.

Betont wird immer wieder die robuste Bauweise der Maschinen, die unbedingt vonnöten ist, weil sich abrasives Material in Zahnrädern und Lagern festsetzen kann. Korrodierende Chemikalien, oft im natürlichen Boden vorhanden, wirken sich unter ungünstigen Bedingungen sehr nachteilig auf den Verschleiß aus. Feuchtigkeit und extreme Temperaturen tun dann ein Übriges.

Eine gewaltige Maschine entstand 1987 bei Wirtgen, die bislang größte der Firma: Der neue Surface Miner 4200 SM/1600 wog 170 t und wurde von zwei Motoren angetrieben, einem 1200 PS starken für den Antrieb der Frästrommel und einen 400 PS starken für den Fahr- und Bandantrieb. Bei 4,2 m Schnittbreite und bis zu 60 cm Frästiefe sollte der 4200 SM stündlich rund 1500 m³ Kohle fördern können. Die Maschine wurde nach Australien geliefert und wog später im Einsatz sogar 185 t

Der 4200 SM wurde in Australien in der Mount Thorley-Mine 200 km nordwestlich von Sidney eingesetzt und erzielte dort in Steinkohle Förderleistungen von bis zu 1800 t pro Stunde, in Zwischenmitteln aus Sandstein und Schieferton bis zu 1300 t. Da die Flöze dort nur 0,1 bis 2 m dick sind, war die Kohleausbeute infolge des selektiven Abtrags stark verbessert. Der 4200 SM arbeitete im Dreischichtbetrieb sechs Tage in der Woche

Die Einsatzerfahrungen zeigten, daß die Surface Miner jede bekannte Kohlesorte abbauen konnten, sogar härteste, in Südafrika vorkommende Anthrazite. Die Maschinen sind bei der Einsatzkonzeption daher nicht den Härteindextabellen unterworfen. Die Fräswalzen lösen und verladen härtesten Fels von Druckfestigkeiten bis 120 MPa und sehr hohen spezifischen Gewichten von bis zu 2,7 t/m³.

Dabei werden zum Beispiel in 110 Einsatzstunden nur 100 Meißel verbraucht, was einer Verschleißrate von 11 m³ gelöstem Material pro Meißel gleichkommt. Bei einem Steinkohle-Einsatz wurde ein Verschleiß von nur einem halben Meißel je Stunde verzeichnet, in Braunkohle löste jeder einzelne Meißel sogar bemerkenswerte 2857 t.

Hier werden die Unterschiede zwischen Straßenfräse und Surface Miner deutlich, besonders bei der Ausführung der Schneidwalze und ihrer Bestückung mit Schneidwerkzeugen. Wirtgen bietet für

In Australien fanden mit dem 4200 SM auch Versuche mit einem Infrarotsystem zur präzisen selektiven Gewinnung von Kohle und dünnschichtigen Zwischenmitteln statt. Die durchschnittliche stündliche Förderleistung betrug 770 t im Zwischenmittel und 940 t im Kohleflöz. Die Standzeit der Meißel wurde mit einem Verbrauch von nur einem Meißel pro 226 t geschnittenen Materials angegeben

das Surface Miner-Programm inzwischen sechs verschiedene Meißel an, die eine genaue Abstimmung auf das zu schneidende Gestein ermöglichen.

Entscheidend sind neben dem Durchmesser und der Formgebung der Hartmetallspitze auch die Länge und Bauform des Meißels. Zusätzlich tragen der Schaftdurchmesser und der Linienabstand, mit dem die Meißel auf der Schneidwalze angeordnet sind, zu einem guten Abbauergebnis bei möglichst geringem Verschleiß bei.

Im Vergleich zu Straßenfräsen ist beim Surface Miner der Walzenkasten robuster und stärker ausgelegt, da oft größere Materialstücke ausgebrochen werden. Das Betriebsgewicht ist um einige Tonnen höher, um die erforderliche statische Auflast zu gewährleisten. Spezielle Stahlverkleidungen schützen die Raupenfahrwerke vor Gesteinsbrocken. Weitere Unterscheidungsmerkmale sind diverse Verstärkungen und die konstruktive Anpassung der Bandanlage und der Fahrwerke.

Japans zahlreiche Gebirge bestehen aus hartem Gestein. Der Bau neuer Straßen oder Trassenausbauten sind aufgrund der dichten Besiedelung oft in der Nähe von Wohngebieten durchzuführen, so daß nicht gesprengt werden kann. Deshalb kaufte die japanische Baufirma Okumura-Gumi Doboku aus Osaka die beiden Surface Miner 2600 SM und 3500 SM von Wirtgen. Zuvor wurden die Maschinen, hier der 110 t schwere 3500 SM, auf Herz und Nieren getestet

Surface Miner nagen an Tunnelsohlen

Seit rund 15 Jahren wird vereinzelt von Tunnelbauten berichtet, wo Straßenfräsen Tunnelsohlen schneller und präziser ebnen als mit jeder anderen Methode. Nun aber gelangen auch Surface Miner vom hellen Tage- in den düsteren Tunnelbau. In Tunnels werden Surface Miner eingesetzt, um die Durchfahrtshöhe zu vergrößern, indem die Tunnelsohle abgesenkt wird.

Beim Tunnelneubau erspart das profilgenaue Ausfräsen der Tunnelsohle den ansonsten unvermeidlichen Mehr- oder Minderausbruch. Hinzu kommen immense Einsparungen der Betonmengen und natürlich auch deutlich weniger Lkw-Transportfahrten zum Schütten der ebenen Tunnelsohle.

Welche Vorteile Surface Miner im Tunnel mit sich bringen, zeigte im Jahr 2001 das Beispiel des Baregg-Tunnels in der Schweiz. Dort war ein Sprengvortrieb wegen einer knapp 30 m entfernten, parallel verlaufenden Tunnelröhre nicht möglich. Zur Verkehrsentlastung war der Bau einer dritten Tunnelröhre erforderlich. Die dritte Röhre liegt nördlich der beiden alten Röhren, hat eine Länge von 1152 m, und weist für gleich drei Fahrbahnen einen großen Ausbruchquerschnitt von rund 150 m^3 auf.

In der ersten Bauphase wurde ein Pilotstollen mit einer Tunnelbohrmaschine erstellt und mit Teilschnittmaschinen Kalotte und Strosse vorgetrieben. Für den anschließenden Ausbruch der Sohle wurde auch eine Teilschnittmaschine eingesetzt. Dieser Ablauf war mit zwei nachlaufenden Schalwagen zu koordinieren.

Die Nachteile waren offensichtlich: Beträchtlicher Zeitverlust durch die umständliche Abbau-, Lade- und Transportlogistik, starker Staubanfall beim Ausbruch und hoher Personalaufwand bei notwendigem Dreischichtbetrieb, um täglich 500 m^3 Ausbruch zu schaffen. Eine bessere Lösung bot sich mit einem Surface Miner 2100 SM von Wirtgen.

Mit der Maschine konnten in nur einer Schicht 500 m^3 geschafft werden! Bei 15 m Vorschub pro Minute war eine Tagesleistung von 55 Kipperladungen von jeweils 15 m^3 mit nur einem Transportfahrzeug, einem Kaelble-Niederhubkipper KV 25 N, ohne Probleme möglich. Der Staubanfall beim Fräsen hielt sich in Grenzen, zudem war die Korngröße des Ausbruchs ideal für eine spätere Wiederverwendung. Das komplette Profil wurde in einem Arbeitsgang ausgearbeitet, so dass es mit den nachrückenden Schalwagen keinerlei Konfrontationen gab.

Andere Arbeiten erledigte ein Surface Miner im 10 km langen Plabutschtunnel in Österreich. Ein 811 PS starker 2200 SM stellte nach dem konventionellen Vortrieb über die gesamte Tunnellänge einen 3,8 m breiten und 0,8 bis 1,4 m tiefen Einschnitt für die Versorgungsleitungen her. Der 48 t schwere Surface Miner legte das geschnittene Material als Schwade ab, die mit Radladern auf Lkw verladen wurde.

Durch das eingebaute Nivelliersystem des Surface Miners konnte das profilgenaue Schneiden des Grabens exakt erfolgen. Bei der konventionellen Ausführung dieser Arbeiten mit einer Bagger-Anbaufräse oder mit Baggern und Hydraulik-

Durch das Nivelliersystem des 2100 SM von Wirtgen konnte im Baregg-Tunnel in der Schweiz das Gestein profilgenau geschnitten und als Schwade hinter dem Surface Miner abgelegt werden. Anschließend wurde der Tunnelaushub mit einem Radlader auf Lkw verlanden und als Füllmaterial auf der Baustelle wieder verwendet

Auch im Plabutschtunnel arbeitete ein 2200 SM ohne Ladeband. Bei 2,2 m Schnittbreite und 35 cm -tiefe wäre es unabdingbar gewesen, daß ständig genügend Lkw zur Beladung bereit stehen – eine schwierige logistische Herausforderung im Tunnel! Bei jeder Unterbrechung der Lkw-Kette hätte die Transportkapazität nicht mehr mit der Schneidleistung des Surface Miners mitgehalten. Deshalb wurden die Verfahrensschritte Fräsen und Verladen getrennt

Beim Tunneleinsatz bewähren sich Surface Miner durch ihre hohe Laufruhe und große Schneidleistung. Wenn der Aushub auf dem Ladeband berieselt wird, gibt es praktisch keine Staubbelastung, wichtig für die Tunnelbelüftung. Hier arbeitete kein Surface Miner, sondern eine Wirtgen-Kaltfräse im Rennsteigtunnel, Deutschlands längsten Autobahntunnel

hämmern wäre die hohe Profilgenauigkeit und die Schneidleistung keinesfalls erreicht worden. Je nach Gesteinshärte wurden mit dem Surface Miner stündliche Aushubleistungen von 100 bis 300 m^3 erzielt. Sogar in einigen harten und abrasiven Schichten fiel die Schneidleistung nie unter 50 m^3 in der Stunde.

Zunehmend interessanter wird der Einsatz von Surface Minern im Tunnel aufgrund des erschütterungsfreien Materialabbaues. Immer mehr Tunnel werden gebaut, daher immer öfter auch in geologisch schwierigen Verhältnissen. Der Einsatz eines Surface Miners mit seinem erschütterungsfreien Materialabbau kommt solchen Arbeiten meist entgegen, da zum Ausbruch der Sohle weder Sprengungen noch das Arbeiten mit Hydraulikhämmern erforderlich ist.

Außerdem gestalten sich Tunnelbauarbeiten mit Surface Minern sicher und betriebsfreundlich: Ohne fliegende Gesteinsbrocken, die bei konventionellen Methoden oft die Sicherheit der Arbeiter beeinträchtigen, zieht der Surface Miner seine Bahnen. Die Staubbelastung ist dabei dank Wasserberieslung weitgehend ausgeschaltet, was wiederum die Bewetterung des Tunnels, also die Frischluftzufuhr für die Arbeiter, erleichtert.

Weltweit einzigartig: breite Surface Miner-Baureihe

Während unzählige kontinuierlich arbeitende Förder- und Lademaschinen bei den meisten Herstellern eine Ausnahme blieben, ist Wirtgen inzwischen weltweit die einzige Firma, die gleich eine ganze Baureihe von Surface Minern anbieten kann. Diese Baureihe wird ständig um neue Maschinen ergänzt. So gab es beispielsweise zur Bauma 2001 „Familienzuwachs" mit den neuen Surface Minern 2200 SM und 2500 SM.

Der je nach Ausführung 80 bis 102 t schwere und 1065 PS starke 2500 SM ist mit einer Schneidtiefe von bis zu 60 cm noch leistungsfähiger als sein Vorgänger 2600 SM. Der mechanische Schneidwalzenantrieb überträgt die Motorleistung mit einem höheren Wirkungsgrad auf die Schneidwalze als ein hydrostatischer An-trieb. Bei 2,5 m Arbeitsbreite sollen

Über die Jahre gelangten zahlreiche „Easi-Miner" von Huron in die Tagebaue und Kohleminen rund um den Globus. Dieser 152 t schwere „Easi-Miner Model 1224" belädt mit seinem 15,2 m langen und 1,83 m breiten Schwenkband einen Kress-Bodenentleerer CH-160. Beeindruckend wirkt der große Flutlichtmast auf der Kabine für den effektiven Nachteinsatz im Dreischichtbetrieb

Rechts: Mit nach hinten geschwenktem Ladeband ist der „Easi-Miner" 28,3 m lang, ohne Ladeband noch beachtliche 16,3 m. Eine samt Flutlichtmast 7,9 m hohe Maschine frißt sich hier durch die Kohleschätze unserer Erde. Die 1200 PS des Cummins-Motors ermöglichen hohe Förderleistungen von 1600 bis 2500 t pro Stunde, um den immensen Rohstoff- und Energiehunger unserer High-Tech-Zivilisation zu stillen…

Bei allen kontinuierlich fördernden Surface Minern ist das gleiche Problem gegeben: Während der Wechselzeiten der zu beladenden Fahrzeuge müssen Maschine und Ladeband stoppen und unproduktiv warten. Um diese Zeiten so kurz wie möglich zu halten, belädt dieser „Easi-Miner" Sattelzüge mit einem Zuganhänger. Die von Komatsu HD 785 gezogenen Züge laden 220 t (240 sht) Kohle

Schneidleistungen von bis zu 1800 t Kohle pro Stunde möglich sein.

Bei den neuen Surface Minern können die Schneidtiefe und Seitenneigung mit einer integrierten Niveauregulierung exakt definiert werden. Als Zubehör sind eine laserabtastende Schnittiefensteuerung, Drahtabtastung oder berührungslose Ultraschallabtastung erhältlich. Neuerdings werden Surface Miner auch mit satellitengestützter GPS-Steuerung kombiniert, doch davon mehr im letzten Kapitel. Die Entwicklung geht weiter, und unsere „etwas anderen Bagger" haben noch eine große Zukunft vor sich.

Oben: Die Erfolge von Wirtgen mit Surface Minern veranlaßten den italienischen Straßenfräsen-Hersteller Bitelli, Maschinen für den Gewinnungseinsatz zu modifizieren: Der „Puma SF 202 M Surface Miner" wog 43 t, wurde von einem 690 PS starken Mercedes-Motor angetrieben und konnte stündlich bis zu 650 t fördern. Nach der Übernahme von Bitelli durch Caterpillar wurden die Versuche mit dem Surface Miner eingestellt

Links: „Sprengen mag gut sein, Surface Mining ist besser", wirbt Wirtgen etwas unzutreffend, denn schließlich ist jeder Tagebau, auch mit Sprengarbeiten, „Surface Mining". Dessen ungeachtet erzielen die Surface Miner in weichem bis mittelhartem Gestein Höchstleistungen, hier der neue, je nach Ausführung 80 bis 102 t wiegende und 1065 PS starke 2500 SM

„Ach, das sind ja nur umgebaute Straßenfräsen!" – Wer so über einen Surface Miner spricht, beweist, daß er ein Laie ist. Die Surface Miner von Wirtgen haben einen anderen Grundrahmen, andere Fahrwerke, einen stärkeren Antrieb, auf den Einsatz maßgeschneiderte Schneidwerkzeuge, anders eingebaute Motoren, gänzlich anders angeordnete Fahrerstände und zahllose weitere Unterscheidungsmerkmale gegenüber Kaltfräsen

Rechts: Bei den Surface Minern von Wirtgen handelt es sich um komplexe, bis ins letzte Detail ausgefeilte Spezialmaschinen. Hier wird der aufwendige hydraulische Lenkmechanismus mit Kugelgelenken und die hydraulische Niveauregelung des SM 2500 gezeigt. Jedes Raupenfahrwerk wird mit zwei Hydraulikzylindern in seiner Höhe verstellt

Unten: Immer häufiger wird das Schneiden und Lösen von der Lkw- oder Muldenkipperbeladung entkoppelt, um die hohe Förderleistung der Maschine nicht durch jeden Wagenwechsel zu unterbrechen. Das in langen Schwaden abgeworfene Material läuft aber nun den „Höhenumweg" über das Förderband und wird dann von Radladern oder Baggern beim Verladen erneut in einige Meter Höhe gewuchtet. Im letzten Kapitel werden andere Lösungen vorgeschlagen

Schaufelradbagger

Kleine Räder für große Projekte

Der Vollständigkeit halber werden wir in diesem Kapitel einen kurzen Abstecher zu den bekanntesten und meist verbreiteten kontinuierlich arbeitenden Fördermaschinen machen, den Schaufelradbaggern. Dabei sollen jedoch nicht die großen, bis zu 13 000 t wiegenden Giganten ins Augenmerk rücken, sondern wesentlich kleinere Versionen, die größenmäßig besser zu unseren „etwas anderen Baggern" passen.

Von großen Schaufelradbaggern unterscheiden sich die Kompaktgeräte durch die nicht mittels Seilen, sondern mit Hydraulikzylindern höhenverstellbaren Schaufelradausleger mit Längen bis etwa 30 m. Der erste Schaufelradbagger mit vollhydraulischem, leistungsgeregelten Antrieb wurde 1972 von der damals zu O & K gehörenden LMG gebaut. Anders als große Schaufelradbagger konnte er mit seinen beiden Deutz-Dieselmotoren unabhängig von jeglicher Stromversorgung arbeiten. Bei knapp 200 t Gewicht erzielte er stündliche Förderleistungen von 500 bis 1000 m^3.

Die Idee, Erdreich mit einem drehenden Rad aufzunehmen, ist uralt. Das Prinzip des Schaufelrades wurde bereits von Leonardo da Vinci beschrieben. Fortan wurden Schaufelradbagger nur selten in unterschiedlichen Versionen für die Naßbaggerei gebaut, beispielsweise Schwimmbagger von Peltier und Redelykheid sowie bei der Lübecker Schlammühle von 1816.

Im ausklingenden 19. Jahrhundert versuchten sich verschiedene amerikanische Konstrukteure an Entwürfen brauchbarer Schaufelradbagger. Charles A. Smith aus Indiana erhielt 1881 ein Patent für einen „Earth Excavator", 1883 folgte Walter S. Morton aus Minnesota, 1895 Albert Roll aus New Jersey, doch wahrscheinlich wurde keiner dieser Bagger je gebaut.

Während die Idee in den Vereinigten Staaten nun nicht weiter verfolgt wurde, stieß sie bei europäischen Konstrukteuren auf umso größeres Interesse. 1908 wurde Robert Glogner, einem in Charlottenburg lebenden Ingenieur, ein Patent für einen „Excavator mit Spezialmechanismen zum Graben" erteilt. Der Entwurf zeigte bereits einen schwenkbaren Baggeraufbau.

Gemächlich beginnen sich Räder zu drehen

Aber erst die Not des Ersten Weltkrieges führte zum Bau des ersten Schaufelradbaggers. Werkstoffmangel für die Schaken von Eimerketten veranlaßte die Baggerbauer, nach anderen Lösungen zu suchen. So nahm 1916 in den Braunkohlenwerken Bergwitz im Bitterfelder Braunkohlenrevier ein auf Gleisen fahrender Schaufelradbagger seine Arbeit auf. Gebaut wurde der Bagger von der Maschinenbau-Anstalt Humboldt in Köln-Kalk nach einem Schaufelrad-Patent von George Eugene Schwandner. Der Versuch verlief jedoch nicht erfolgreich, und so wurde der Bagger 1923 wieder verschrottet.

Trotz der Verschrottung des ersten Schaufelradbaggers war das Konzept dieser Art von kontinuierlicher Förderung

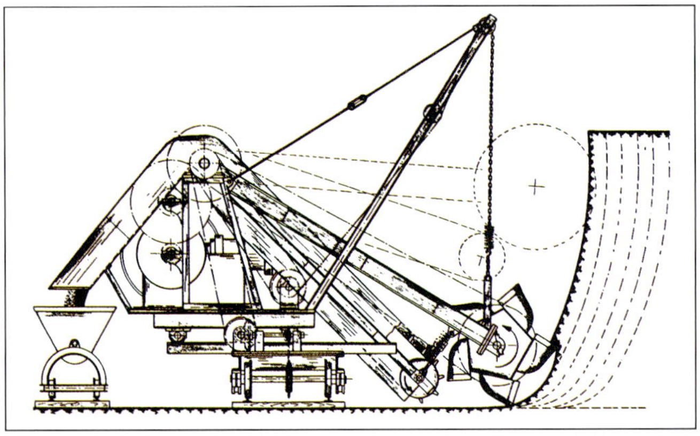

Das 1908 erteilte Patent für Robert Glogner für einen „Excavator mit Spezialmechanismen zum Graben" zeigte bereits einen recht ausgereiften Schaufelradbagger. Zwar sollten die Schaufeln auf ein tiefer angeordnetes Förderband schütten, doch war der Oberwagen drehbar. Das Material sollte in Loren gefüllt werden, die auf einem Parallelgleis fuhren, ein Prinzip, das bei Eimerkettenbaggern weit verbreitet war

Dieser 1916 von der Maschinenbau-Anstalt Humboldt gebaute, von einem Verbrennungsmotor angetriebene Schaufelradbagger hatte noch eine vernünftige, Baustellen-taugliche Größe. Erst in den dreißiger und vierziger Jahren wuchsen Schaufelradbagger zu gigantischen Maschinen heran

Oben: In den fünfziger und sechziger Jahren bauten viele deutsche Firmen Kleinschaufelradbagger, auch die Hermann Sürken GmbH aus Papenburg (nach dem Konkurs von Weserhütte in den neunziger Jahren Hersteller der Weserhütte-Seilbagger). Dieser Sürken-Schaufelradbagger SR 50 wurde in Südengland im Team mit Muir-Hill-Dumpern zur Abraumräumung in einer Tongrube eingesetzt

Rechts: Als typischer Vertreter der deutschen Kleinschaufelradbagger wog der „Standardtyp 85" von Demag-Lauchhammer 42 t und trug an einem 6 m langen Ausleger ein Schaufelrad mit 3,1 m Durchmesser. Wie bei großen Schaufelradbaggern blieb die Richtung des Ladebandes beim Schwenken des Baggeroberwagens konstant. Der „Verladeausleger" war in Längen von 6,9, 9,9 und 15 m erhältlich

doch so interessant, daß es bei der Maschinenbau-Anstalt Humboldt in Köln-Kalk weiterlebte. Infolgedessen wurden wesentlich kleinere Maschinen entwickelt, die sogenannten „Autoschaufler" mit Verbrennungsmotor und auf Raupenfahrwerken. Hauptsächlich waren die „Autoschaufler" zum Aufnehmen loser, aufgehaldeter Schüttgüter konzipiert. Einige Versuche im Kohletagebau beim Aufnehmen dünner Zwischenmittel verliefen leider nicht erfolgreich.

Nach dem Verkauf der Patente nahm die ATG (Allgemeine Transportanlagengesellschaft) in Leipzig 1920 den Bau von Schaufelradbaggern auf. In den folgenden beiden Jahrzehnten wuchsen derartige Bagger aufgrund der geforderten Förderleistungen, besonders zum Beseitigen von Abraum, zu immer größeren Dimensionen an. Um 1930 trugen 120 t wiegende Bagger am 16 m langen Ausleger schon ein Schaufelrad mit 5,6 m Durchmesser.

Schaufelradbagger wurden – verglichen mit anderen Fördermaschinen – erst sehr spät zur Einsatzreife gebracht. In den dreißiger Jahren wurde über Schaufelradbagger geschrieben: „Die Angriffskraft der Dampfschaufel und die stetige Wirkung des Eimerbaggers vereinigt der Schaufelradbagger. Zwar nimmt die einzelne Schaufel längst nicht so viel Fördergut auf wie der große Löffel der Dampfschaufel, dafür wird aber der Betrieb nicht immer wieder durch Schwenken unterbrochen."

Schaufelradbagger wogen weniger und verschlangen weniger Stahl als Eimerkettenbagger. Der Verschleiß war geringer, weil er nur an Schaufeln und Messern wirkt, nicht aber an der endlos umlaufenden Eimerkette. Zudem erzielten Schaufelradbagger größere Kräfte an den Schneiden der Schaufeln als Eimerkettenbagger.

1934 lieferte die LMG (Lübecker Maschinenbau-Gesellschaft) ihren ersten Schaufelradbagger an die Deutsche Grube Bitterfeld. Dieser Bagger für bis zu 600 m^3/h Förderleistung war zwar mit 360 t Gewicht ein Zwerg gegen die schon bis zu 1500 t schweren Eimerkettenbagger, bewegte sich jedoch nicht mehr auf Schienen, sondern auf wesentlich mobileren Raupenfahrwerken. Das Werk Lauchhammer (später Demag-Lauchhammer) der Mitteldeutschen Stahlwerke Riesa nimmt

Oben: Für den Bau der Europastraße 8 wurden bei Appeldorn in den Niederlanden 1969 gleich zwei „Standard-Schaufelradbagger Typ 70" der LMG mit Dieselantrieb eingesetzt. Bei bis zu 15 m Abtragshöhe waren 1 Mio. m³ feinkörniger Sand zu baggern, die mit 45 t tragenden IHC „Payhauler" 180 über 10 km Distanz transportiert wurden

Links: Die Baureihe der Weserhütte-Kompaktschaufelradbagger beinhaltete die sechs 26 bis 345 t schweren Modelle SR 60 bis SR 630 mit 3,0 bis 7,2 m Durchmesser des Schaufelrades. Der kleine SR 60 war recht beliebt, auch beim Haldenumschlag. Er arbeitete mit einem 5,2 m langen Schaufelradausleger und 8 m langen Abwurfausleger

Mitte der dreißiger Jahre auch den Bau von Schaufelradbaggern auf.

Rasant geht die Größenentwicklung weiter: 1937 erreicht ein von der LMG gebauter Schaufelradbagger schon 1400 t Gewicht und 1800 m³ stündliche Förderleistung. 1945 wird bei Bitterfeld bereits ein 6100 t wiegender Schaufelradbagger für 3000 m³ montiert, leider aber wegen des Kriegsendes nicht fertiggestellt.

Schaufelnde Räder für große Baustellen

Der Gedanke, Erdreich kontinuierlich mit sich drehenden Grabrädern abzutragen, ist nicht nur für den Tagebau attraktiv. Gleich eine ganze Reihe von Herstellern verfolgen in den fünfziger Jahren auch die Konstruktion kleinerer, für Baustellen geeigneter Schaufelradbagger.

So tauchten damals in einer deutschen Übersicht aller „Klein-Schaufelradbagger" folgende Herstellernamen auf: Buckau, Krupp, Lauchhammer (später Demag), die zu O&K gehörende LMG (Lübecker Maschinenbau-Gesellschaft) und aus der damaligen DDR Takraf. In den sechziger Jahren kamen noch die Maschinenfabrik Hermann Sürken aus Papenburg und Weserhütte hinzu.

Die kleinsten Schaufelradbagger hatten gerade mal 8 l Eimerinhalt bei 1,44 m Durchmesser des Schaufelrades, die größten „Kompaktbagger" 100 l Inhalt bei 4,5 Durchmesser. Die Einsatzgewichte reichten von 7 bis fast 200 t. Bis etwa 100 t schwere Schaufelradbagger gelangten damals auf allerlei Kanal-, Autobahn- und anderen großen Erdbaustellen zum Einsatz. Mehrere Kleinschaufelradbagger von Demag, Krupp, LMG und Sürken wurden beim deutschen, belgischen und niederländischen Autobahnbau verwendet.

Die Erfolge der „deutschen Baggertechnik" ließen auch die Japaner aufhorchen, so daß dort ab Mitte der sechziger Jahre viele auch in Europa bekannte Unternehmen Schaufelradbagger produzierten, zum Beispiel Hitachi-Zosen Shipbuilding (Lizenz Demag Lauchhammer), Ishi-

Schaufelradbagger belädt Lastzüge: Beim Bau der Autobahn A7 Hamburg-Kiel wurde 1970 ein immerhin 127 t schwerer „Standardtyp 430" von Demag-Lauchhammer mit 5,2 m großem Schaufelrad eingesetzt. Pro Minute wurden über 15 m³ gefördert – die Lkw-Pritschen waren in Sekunden gefüllt!

In der ehemaligen DDR wurden vom „VEB Schwermaschinenbau Georgi Dimitroff Magdeburg-Buckau (Betrieb des VEB Schwermaschinenbaukombinat Takraf)" kompakte Schaufelradbagger wie der Typ SRs 65.1-6/0,3.0 gebaut. Die 44 t wiegende Maschine konnte mit dem 3 m großen Schaufelrad stündlich bis zu 230 m³ Boden abtragen

kawajima-Harima Heavy Industries (IHI), Kawasaki Heavy Industries (Lizenz Krupp), Kobe Steel Works (Kobelco) und Nippon Sharyo (Nissha; Lizenz Mechanical Excavator).

Sogar bis in die Vereinigten Staaten drang Kunde von den fabelhaften Leistungen deutscher Schaufelradbagger, so daß sie auch dort in den sechziger und siebziger Jahren bei einigen gigantischen Erdbauprojekten genutzt wurden. In jener Zeit nahmen amerikanische Hersteller wie Mechanical Excavator, McDowell-Wellman und sogar Bucyrus-Erie, ja bekannt für große Schreit- und Löffelbagger, den Bau relativ kompakter Schaufelradbagger auf.

Bemerkenswerte Schaufelradbaggereinsätze gab es beispielsweise beim „California Water Project", einem gigantischen Wasserversorgungsprojekt mit Dämmen, Stauseen und Kanälen. Auf rund 800 km Länge waren 180 Mio. m³ Material zu gewinnen, zu transportieren und einzubauen. In der Gewinnungsgrube des San-Luis-Dammes, eines 5,2 km langen und 98 m hohen Erddammes mit 58 Mio. m³ Schüttvolumen, belud ein Bucyrus-Erie-Schaufelradbagger 684-WX im 24-Stunden-Betrieb 100 US-tons fassende Euclid-Bodenentleerer. Damit der 740-t-Bagger mit seinen Raupen nicht versackte, falls er auf Grundwasser führende Schichten gestoßen wäre, fuhr im Sicherheitsabstand ein Lkw mit Drehbohrer vorweg und nahm Bohrproben vor.

Beim „California Water Project" bewährte sich an der Baustelle des 230 m hohen und am Fuß 1 km breiten Oroville-Dammes auch deutsche Baggertechnik: In Kooperation mit der US-Firma McDowell-Wellman baute Demag-Lauchhammer den 607 t wiegenden Schaufelradbagger Typ 1940, der an der Aufschüttung von 65 Mio. m³ für den Damm beteiligt war.

Der wohl größte je auf einer Baustelle eingesetzte Schaufelradbagger war ab 1968 in Pakistan fleißig. Der im Lübecker LMG-Werk gebaute Bagger sollte im Alleingang den 97 km langen Chasma-Jhelum-Link-Kanal ausschachten. Er mußte dazu in 23 Monaten insgesamt 46 Mio. m³ abtragen und seitlich neben dem Kanal aufschütten, also pro Monat durchschnittlich 2 Mio. m³!

Weil der 116 m breite Kanaleinschnitt nicht in einem Durchgang anzulegen war, durchfuhr die 2100 t wiegende Baggeranlage während des Einsatzes bei bis zu 55 Grad Celsius Hitze 1250 km Gesamtstrecke. Für den netzunabhängigen Antrieb sorgten vier MAN-Dieselgeneratorsätze mit zusammen 6824 PS. Dank der hohen Baggerleistungen konnte die Bauzeit um fünf Monate unterschritten werden! Danach hatte der LMG-Bagger noch nicht ausgedient: Er schaufelte mit rund 10 m/h Vorschub 1985 noch den Jonglei-Kanal im Sudan.

Auf großen Erdbaustellen rund um den Globus bewährte sich die kontinuierlich arbeitende „deutsche Baggertechnik". Dieser 332 t schwere „Standard-Schaufelradbagger Typ C 500" von Krupp förderte beim Bau einer Straßentrasse in Japan stündlich bis zu 2100 m³. Die anstehenden Wände waren bis zu 10 m hoch

Deutsche Baggertechnik brachte amerikanische Baustellen auf Trab: Ein von Demag-Lauchhammer entworfener und von der US-Firma McDowell-Wellman teilgefertigter „Standardtyp 1940“ half Mitte der sechziger Jahre in Kalifornien beim Bau des Oroville-Dammes, des damals höchsten Schüttdammes der Welt. Das Schaufelrad mit 9,9 m Durchmesser förderte stündlich 2770 m^3. Der 607 t wiegende Bagger wurde in 80 Tagen montiert
Bild: Archiv Oberdrevermann

Links: Sogar amerikanische Baggerbauer wichen von ihren bewährten Schreit- und Löffelbaggern ab und konstruierten „auch mal“ einen Schaufelradbagger. Für den Bau des kalifornischen San Luis-Dammes entwickelte Bucyrus-Erie 1964 den neuen Schaufelradbagger 684-WX. Der 815 t schwere Riese belud mit seinem 9 m großen Schaufelrad über eine Wechselschurre 100 sht tragende Euclid-Bodenentleerer B-100 mit stündlich 3400 m^3 Füllmaterial

Bild links: Selten waren Schaufelradbagger einer amerikanischen Firma mit dem schönen Namen Mechanical Excavator (mechanischer Bagger), die auf Basis einer vom Bauunternehmer Bill Mittry erfundenen Schaufelradkonstruktion seit den sechziger Jahren in Los Angeles gefertigt wurden. Der MX 750 war mit 80 t Gewicht und 4,4 m Schaufelraddurchmesser der kleinste, hier beim Laden von Lehmboden in International-Muldenkipper.
Bild Mitte: Mehrere japanische Hersteller nahmen in den sechziger Jahren den Bau kompakter Schaufelradbagger auf, oft auf Basis deutscher Lizenzen. Eigene Konstruktionen waren die Bagger von Ishikawajima-Harima Heavy Industries (heute als IHI bekannt) wie der Typ 100 BWE, leicht per Tieflader zu transportieren, für 1000 m^3 stündliche Förderleistung.
Bild rechts: Lizenznehmer der amerikanischen Schaufelradbagger von Mechanical Excavators war in Japan die Nippon Sharyo Seizo Kaisha Ltd., in Deutschland bekannt als Nissha – und als späterer Hersteller der Schürfraupen von Menck & Hambrock! Angeboten wurden die beiden 47 und 75 t schweren Modelle MX-300 und MX-700 für 650 und 1260 m^3/h Förderleistung, angetrieben von 194 und 420 PS starken Dieselmotoren von Hino und Detroit-Diesel, letzterer damals natürlich ein Zwei-Takter

Keine Erfolge für ehrgeiziger Schotten

Ab 1968 baute die schottische Firma Mavor and Coulson Ltd. (später Anderson Mavor) den sehr kleinen Schaufelradbagger E 10 auf zwei Raupenfahrwerken oder – sehr ungewöhnlich für einen Bagger dieser Art – auf vier Luftreifen ähnlich wie bei einem Mobilbagger. Dies dürfte der einzige „Mobilschaufelradbagger" der Welt gewesen sein.

Der Bagger auf Raupen wog 41,5 t, der auf Reifen sogar nur 26,5 t. Deshalb und wegen der geringen Abmessungen waren beide Varianten komplett montiert mit gewöhnlichen Tiefladern von Baustelle zu Baustelle zu transportieren. So sollte der E 10 alle Vorteile großer Schaufelradbagger, auch das Schwenken, mit der Mobilität und Vielseitigkeit mittelgroßer Bagger vereinen.

Die größte theoretiche Förderleistung des E 10 wurde mit stündlich 430 m^3 angegeben. In härtesten Böden wurden bei verschiedenen Einsätzen beachtliche 75 Prozent der theoretischen Leistung erreicht, in Sand und Kies sogar volle 100 Prozent.

Das Entladeband des E 10 war um 185 Grad schwenkbar, der Baggeraufbau mit dem Schaufelradausleger um 270 Grad. Unter Bodenniveau konnte das Schaufelrad 0,3 m tief baggern, über dem Boden Wände bis zu 6 m Höhe.

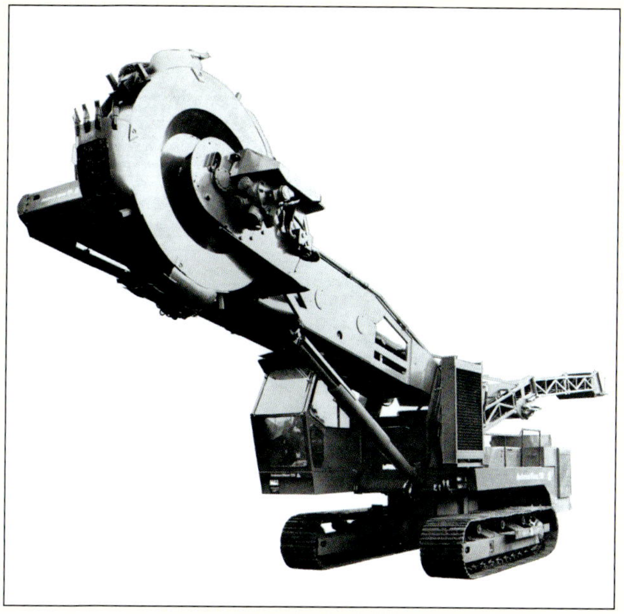

Sehr interessant wirkte der E 10 von der schottischen Firma Mavor and Coulson Ltd. durch seine vollhydraulische Bauweise, hier in einer Version von 1976. Der Bagger war wie viele Hydraulikbagger mit Raupen- oder Mobilunterwagen erhältlich

In den frühen siebziger Jahren kam der E 10 von der nun Anderson Mavor heißenden Firma auf mehreren englischen Erdbaustellen und bei der Abraumräumung im Tagebau zum Einatz, hier beim Baggern von Lehm in einem Zementwerk

Der E 10 konnte von Dieselmotoren verschiedener Hersteller und Größen angetrieben werden. Alle Bewegungen, also Fahren, Drehen des Oberwagens und des Schaufelrades sowie die Bandantriebe wurden von 37 bis 214 PS leistenden Hydraulikmotoren durchgeführt.

Für den E 10 wurden von Anderson Mavor zahlreiche verschiedene Bandanlagen entwickelt, um die kontinuierliche Förderung nicht durch Fahrzeugwechsel unterbrechen zu müssen. Dazu zählte auch ein Transferband als Verbindung zu langen Bandstraßen, das vom E 10 gezogen und über eine flexible Schlauchverbindung vom Bagger hydrostatisch angetrieben worden wäre. Von solchen und ähnlichen Bandanlagen wird übrigens im nächsten Kapitel die Rede sein.

Der auf Raupen 41,5 t wiegende und nur 3,6 m breite E 10 konnte auf einem üblichen Tieflader zum Einsatz gebracht werden, dazu war das Ende des 11 m langen Abwurfbandes faltbar. So sollte der handliche Schaufelradbagger auch kleinere Baustellen erobern

Mit seinem kleinen Schaufelrad von nur 2,6 m Durchmesser konnte der E 10 dank des kurzen Hebelarmes bis zu den Schaufelschneiden hohe Grabkräfte aufbringen. Deshalb wurde der Bagger auch in harten Materialien wie hier in südenglischer Kreide zum Beladen von Foden-Muldenkippern verwendet

Der E 10 war auch einer der raren Schaufelradbagger auf Radfahrwerk. In dieser Version war er nur 3 m breit und wog 26,5 t. Daher reichten vier große Luftreifen für die Fahrt; im Betrieb wurde der Bagger von vier Abstützungen gegen das Aufschaukeln und Umkippen gesichert

Links oben: Wo heute Hydraulikbagger arbeiten würden, waren in den siebziger Jahren durchaus auch Schaufelradbagger beliebt. Dieser Typ 1242 der Lübecker Maschinenbau-Gesellschaft (LMG) belud in England bei einer etwas irreführend W. & C. French Ltd. heißenden Firma Muldenkipper von AEC mit Abraum. Zum schnellen Laden mußte das Abwurfband nur um wenige Grad zum leeren, wartenden Kipper geschwenkt werden

Links unten: Seltsame Einsätze von Schaufelradbaggern gab es: Ein 209 t schwerer SR 400 von Weserhütte grub mit seinem 6 m großen Schaufelrad uranhaltige Ablagerungen eines Absetzbeckens in einem Tagebau ab. Die letzte SR-Baureihe von Weserhütte enthielt acht Bagger von 26 bis 455 t Gewicht und 3 bis 9,2 m Schaufelraddurchmesser

Unten: Die standardisierte Baureihe der „Kleinschaufelradbagger" von Takraf aus der ehemaligen DDR umfaßte fünf Typen zwischen 45 und 136 t Gewicht. Der SRs 130 war mit 74 t Gewicht und 4 m Schaufelraddurchmesser der zweitgrößte der Reihe. Sein Antrieb erfolgte diesel-elektrisch oder rein elektrisch per Kabel

Was können die dicken „Kompaktbagger"?

Kleinere Schaufelradbagger mit Gewichten ab etwa 45 t werden bis heute von einigen Herstellern als Standardgeräte angeboten. Dank ihrer kontinuierlichen Förderung erzielen sie hohe Förderleistungen und eignen sich für die Kies-, Sand-, Gips-und Kreidegewinnung ebenso wie für größere Erdbauvorhaben.

Mit ihren relativ kurzen Auslegern sind die kleinsten Schaufelradbagger bis rund 50 t Gewicht komplett montiert per Tieflader transportierbar. Die größeren Bagger werden, in Module zerlegt, in wenigen Baugruppen recht bequem transportiert und schnell am Einsatzort montiert. Diese Transportmöglichkeit gestattet sogar Einsätze an halbjährlich wechselnden Einsatzorten.

Die sogenannten Kompaktschaufelradbagger können in homogenen Böden mit geringen bis mittleren Schneidwiderständen arbeiten, die ohne Sprengungen abzutragen sein müssen. Manchmal werden aber auch klebrige Ton- und Lehmböden, festerer Ton oder gar Sandstein abgebaut.

Der kleinste Kompakt-Schaufelradbagger von O&K aus dem Lübecker LMG-Werk war der vollhydraulische S 100 mit 200 m³ stündlicher Förderleistung, 45 t Gewicht, 150 PS elektrischer Motorleistung und 4,2 m großem Schaufelrad. Hier förderte der S 100 Kreide in knickgelenkte Muldenkipper von Volvo. Das Rad schaffte 70 Schüttungen der 0,1 m³ großen Schaufeln in der Minute

Zwei der mit 359 t Gewicht größten vollhydraulischen Schaufelradbagger der Welt wurden von O&K/LMG 1979 an ein japanisches Konsortium zur Landgewinnung in Singapur geliefert, um dort mehr als 20 Mio. m³ Erdreich abzutragen. Jeder Bagger konnte stündlich bis zu 3100 m³ fördern. Das Schüttmaterial wurde mit Bandstraßen abtransportiert

Kompaktschaufelradbagger lassen sich flexibel einsetzen, wobei stets das System Schaufelradbagger-Muldenkipper am unkompliziertesten erscheint und bis auf den Baggereinsatz keinerlei aufwendige Vorausplanungen erfordert. Wichtig ist dabei nur die ausreichend schnelle Folge der unter das Ladeförderband fahrenden Muldenkipper, denn anderenfalls wird auch hier der kontinuierliche Förderstrom zu oft unterbrochen und der Einsatz des Schaufelradbaggers unwirtschaftlich, denn dann leisten Radlader oder Hydraulikbagger ähnlich viel.

Wird der Schaufelradbagger am Abwurfausleger mit einer Wechselschurre ausgestattet, können zwei Muldenkipper nebeneinander unter dem Ladeband stehen und hintereinander im Wechsel ohne Unterbrechung des Förderstromes in kürzester Zeit beladen werden.

Anders als andere kontinuierlich arbeitende Maschinen werden kleinere Schaufelradbagger auch häufig in Kombination mit einem mobilen Übergabeband (Bandwagen) und einer Bandstraße eingesetzt. Mit der nachfolgenden Bandstraße wird über die gesamte Förderdistanz ein kontinuierlicher Materialstrom gewährleistet.

Weil sich bei Schaufelradbaggern das Verhältnis Förderleistung zu Investition mit wachsender Maschinengröße verschlechtert, verfügen kompakte Schaufelradbagger über bemerkenswerte wirtschaftliche Vorteile. So kann der Betrieb eines Kompaktschaufelradbaggers und einer Bandstraße pro gefördertem Kubikmeter bei vergleichbarer Förderleistung nur halb soviel kosten wie mit dem herkömmlichen System Hydraulikbagger-Muldenkipper.

Bei anderen Einsätzen arbeiten Kompaktschaufelradbagger zur Beschickung auf Raupen verfahrbarer Sieb- und Klassierungsanlagen, die dann wiederum auf Muldenkipper oder Halde fördern. Die Kombinations- und Anwendungsmöglichkeiten solcher Gewinnungs- und Förderketten sind außerordentlich vielgestaltig. Beim nächsten Einsatz kann der Schaufelradbagger wieder direkt auf Muldenkipper fördern, dann zum Beispiel auf eine Bandstraße.

Moderne Kompaktschaufelradbagger arbeiten nicht nur mit Laser- und GPS-Steuerungen zur Herstellung eines ebenen Planums, sondern auch mit programmierbaren Computerkontrollen. Nach Eingabe von Schwenkwinkel und -geschwindigkeit des Oberwagens, Abbauhöhe und -breite sowie Vorschubgeschwindigkeit errechnet der Bordcomputer einen voll- oder halbautomatischen Baggerbetriebsablauf, der auf dem Display in der Kabine angezeigt wird. Der Baggerführer überwacht dabei den gesamten Ablauf und greift nur bei Abweichungen und Störungen oder zum Vorrücken des Baggers in die Automatik ein.

Bringen neue Ideen Schaufelräder in Schwung?

Inzwischen wurden auch schon Überlegungen angestellt, die kontinuierliche Förderung, also das Drehen des Schaufelrades, beim Wechsel der Muldenfahrzeuge nicht unterbrechen zu müssen. Dabei wurde erwogen, zwischen den Förderbändern am Schaufelradausleger und dem schwenkbaren Abwurfausleger eine Art Materialbunker einzurichten.

Muß nun beim Fahrzeugwechsel das Abwurfband – vielleicht sogar trotz Wechselschurre – kurz angehalten werden, darf sich das Schaufelrad trotzdem weiter drehen. Das geförderte Material landet während der Unterbrechnung einfach im dem Bunker und wird anschließend mit dem Abwurfband in die Transportfahrzeuge befördert. Der Materialbunker könnte oberhalb des Abwurfbandes angeordnet sein und wäre durch eine automatische Hydraulik zu öffnen und zu schließen.

Andere Pläne sahen auf Raupen fahrende, portalartige Bunker (Hopper) vor, unter deren Auslaßtrichter in stetiger Folge Muldenkipper oder Bodenentleerer nachrücken sollten. Da der Bunker dem Bagger folgte und vom Ladeband des Schaufelradbaggers beschickt wurde, hätte er gewissermaßen als „Materialpuffer" zwischen kontinuierlichem Ladeband und diskontinuierlichen Fahrzeugen gewirkt. Solchen und ähnlichen Problemen widmet sich unser nächstes Kapitel.

Außergewöhnlich war die Kombination eines 65 t schweren O&K/LMG-Schaufelradbaggers S 160 mit einer auf Raupen verfahrbaren Sieb- und Klassierungsanlage. Ein Teil des vom Bagger abgetragenen Materials wurde mit einem Ladeband zum Abtransport auf Muldenkipper geladen, der andere direkt mit einem weiteren Förderband auf Halden geschüttet

Schwachstellen und Hürden

Auf den vorangegangenen Seiten haben wir etliche Arten und Prototypen kontinuierlich arbeitender Förder- und Lademaschinen kennengelernt. Eigentlich müßten diese „etwas anderen Bagger" doch aufgrund ihrer großen Förderleistung im Verhältnis zum Maschinengewicht ideal sein. Warum sind die „etwas anderen Bagger" nicht weit verbreitet, auf Baustellen wie im Tagebau?

Leider bringen ihre vielen Vorteile auch einige handfeste Nachteile mit sich. Das betrifft nicht nur die Einsatzplanung und -logistik, sondern auch (leider unvermeidliche) unproduktive Arbeitsphasen und die nachgeschalteten Förder- und Transportmittel.

All dies läßt sich gut anhand eines Beispieles veranschaulichen: Mit dem größten Surface Miner 4200 SM von Wirtgen wurden in australischer Steinkohle hohe Förderleistungen von bis zu 1800 t pro Stunde erzielt, in Zwischenmitteln aus Sandstein und Schieferton bis zu 1300 t. Muldenkipper mit 154 t (170 sht) Nutzlast wurden in weniger als zwei Minuten beladen – dies würde aber einer theoretischen Leistung von stündlich 4620 t entsprechen! Warum liegt die tatsächliche Spitzenleistung von 1800 t pro Stunde um ganze 61 Prozent darunter?

Rechnen wir einmal anders herum: Bei 1800 t Förderleistung werden stündlich nur zwölf Muldenkipper gefüllt, also alle fünf Minuten ein Fahrzeug. Zu begründen ist dies mit den jeweils rund 10 bis 20 Sekunden dauernden, natürlich völlig unproduktiven Wagenwechseln und den Wendezeiten am Ende jeder Fräsbahn von 2,5 bis 5 Minuten.

Hier sind wir bei einer der ganz großen Schwachstellen der eigentlich so wunderbaren kontinuierlichen Förderung angelangt: Auch der schönste Materialstrom muß hin und wieder unterbrochen werden. Und dann stockt alles, es fließen weder Erde noch Abraum oder Kohle in Strömen.

Vorschub und Verschleiß zehren

Abgesehen von der nachfolgenden Beladung, ergeben sich beim Einsatz unserer „etwas anderen Bagger" noch weitere Problemstellungen. Das sind wegen der aufwendigen Maschinentechnik oft hohe Investitionskosten, die bezüglich der stündlichen Förderleistung beispielsweise bei einem Surface Miner etwa 130 bis 150 Prozent gegenüber denen eines Hydraulikbaggers der 3-m^3-Klasse betragen können.

Die kontinuierliche Förderung war schon früher eine feine Sache – aber der Weitertransport eine andere… Dieser dampfgetriebene Eimerketten-Schwimmbagger der LMG förderte 1898 den Flußaushub nicht in Schuten, sondern über eine sogenannte Landförderbrücke in bereitstehende Züge mit vielen Loren. Die Brücke stützte sich auf Pontons ab, um dem vorrückenden Bagger folgen zu können. (Die Brückenkonstruktion im Hintergrund irritiert ein wenig und hat nichts mit der Förderbrücke zu tun.)

Noch läuft das Band... Sobald der Muldenkipper jedoch gefüllt ist, muß der kontinuierliche Materialstrom des Abwurfbandes abrupt unterbrochen werden. Bei rund 20 bis 40 Wagenwechseln in der Stunde führt das leider zu einer drastischen Minderung der theoretisch sehr hohen Förderleistungen. Und gerade das ist eine der großen Hürden beim Einsatz der „etwas anderen Bagger"

Das war eine ideale Nutzung der kontinuierlichen Förderung: Beim Bau des 97 km langen Chasma-Jhelum-Link-Kanals in Pakistan förderte ein LMG-Schaufelradbagger (rechts) über eine angeschlossene, 104 m lange Bandbrücke monatlich 2 bis 2,3 Mio. m^3 – ohne Unterbrechungen der stetig fließenden Erdströme! Ab 1968 baggerte die Anlage im Alleingang in 23 Monaten 46 Mio m^3 aus und schüttete den Aushub als Deiche an den Kanalrand

Wie wunderbar „nagt" der Kompakt-Schaufelradbagger E 10 von Anderson Mavor an der Abbauwand – doch wie klein und unpassend ist der viel zu schnell gefüllte 23-m^3-Kübel des Cat-Scrapers hinter so einer Fördermaschine! Durch den Wechsel der Muldenkipper, Bodenentleerer oder Scraper wird jede kontinuierliche Förderung leider in einen sehr diskontinuierlichen Weitertransport umgewandelt

Solche (wartenden!) Muldenkipperflotten waren im kanadischen Ölsand nötig, um „die Leistung des Schaufelradbaggers" wegfahren zu können, täglich immerhin 70 000 m³. Blieben nachrückende Kipper aus, stand das Schaufelrad und war unproduktiv. Andererseits mußte der letzte Muldenkipper eine Viertelstunde warten und ständig etwas vorrücken – Fahrer wie Kipper waren während dieser Zeit ebenfalls unproduktiv. Wie die Beladung auch gedreht und gewendet wird: Hier gibt's allerlei große Hürden!

Auch die Koordination mit Muldenkippern gestaltet sich oft schwierig: Der Kipperfahrer kann die Mulde nicht einsehen und muß zum Vorrücken irgendwelche Zeichen erhalten. Wird nicht genau unter dem Band gefahren, erfolgt die Beladung einseitig. Hier werden zudem der linke äußere und der rechte innere Zwillingsreifen extrem belastet. Beim Wenden des Surface Miners wird die Beladung unterbrochen, ein halb gefüllter Kipper muß dann warten

Die Betriebskosten können um einen ähnlichen Faktor höher liegen, wobei besonders die Energiekosten zu betrachten sind: Viele der „etwas anderen Bagger" bewegen im Gegensatz zum normalen Bagger beim Vortrieb stets ihre gesamte Eigenmasse – bei einigen Typen können das mehrere 100 t sein. Dabei wird oft auch die Vorschubkraft durch die Eigenbewegung der Maschine aufgebracht.

Bei teilweise geringen Schnittiefen, die zum Abtragen dünner Zwischenmittel oder Kohleflöze zwar wichtig sind, muß ein Surface Miner zum Abtragen mächtigerer Schichten dann gegebenenfalls zahlreiche Übergänge durchführen und deshalb beträchtliche Strecken zurücklegen.

Von erheblicher Bedeutung beim Einsatz aller „etwas anderen Bagger" sind zudem die Verschleißkosten. Damit ist nicht nur der Verbrauch der Meißel an Fräs- oder Schrämwalze oder Schaufelrad,

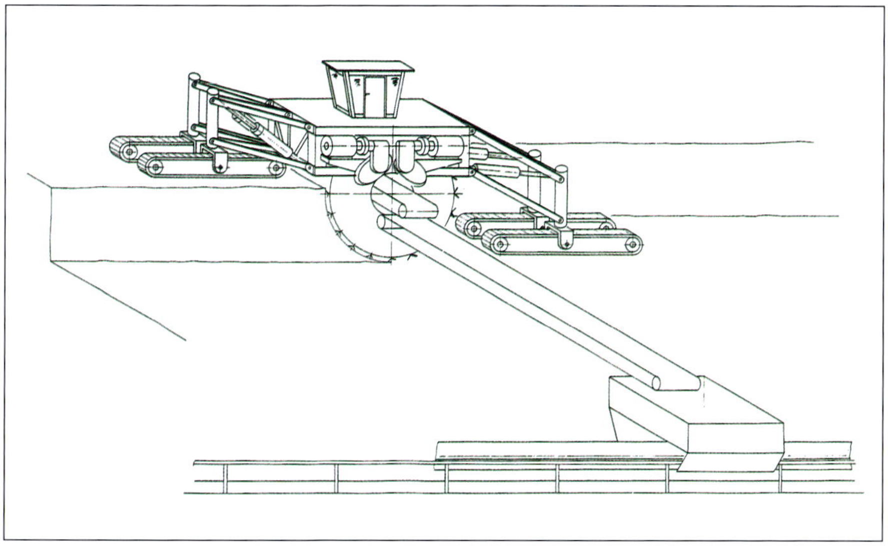

Mitte der neunziger Jahre projektierte MAN diesen Surface Miner für sehr große Blockbreiten und -höhen, um einen äußerst langsamen Vorschub zu erzielen. Außerdem sollte die Maschine gleichwertig bei Vor- und Rückwärtsfahrt fördern, um unproduktive Nebenzeiten wie das zeitraubende Wenden zu eliminieren. Dadurch wäre der Surface Miner ideal mit Bandanlagen zu kombinieren gewesen

Hier läuft die kontinuierliche Förderung bestens: Der stetige Materialfluß eines kompakten Krupp C-300 landet auf einer großen japanischen Erdbaustelle direkt auf einem weiter führenden Förderband. Fast nichts unterbricht den Fluß der strömenden Erdmassen, weder rangierende Lkw noch zeitraubende Wagenwechsel oder gar Lücken in der Fahrzeugkette – nur das Nachrücken des Baggers in bestimmten Intervallen

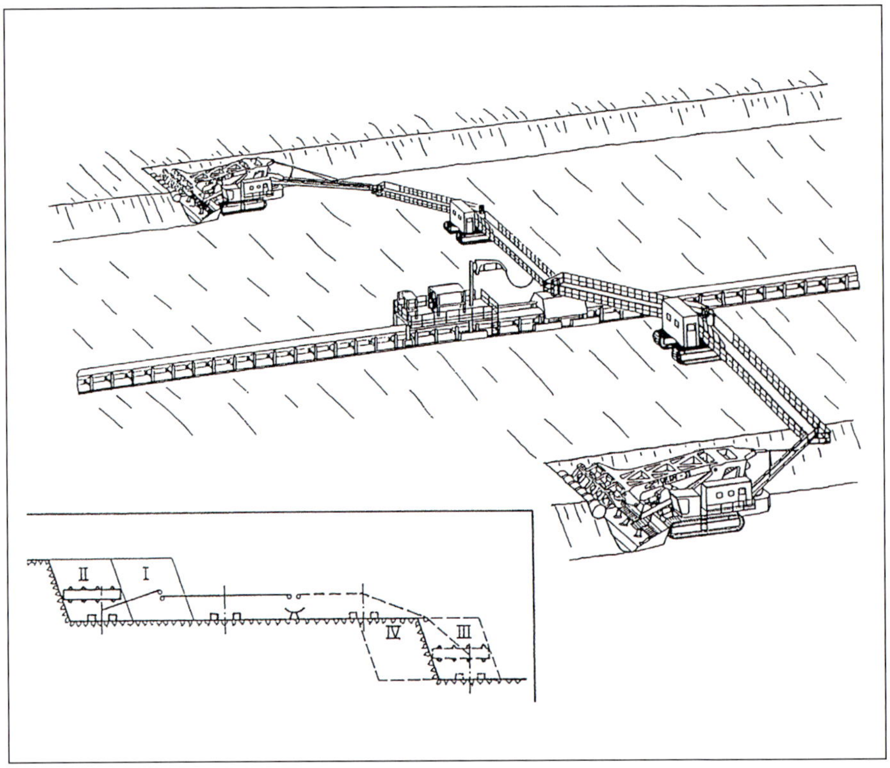

Viele Surface Miner, beispielsweise der VASM 2 von Voest Alpine, wurden für den Betrieb mit Bandstraßen vorgeschlagen. Hier sollten zwei auf unterschiedlichen Sohlen arbeitende VASM 2 mittels beweglicher Raupen-Bandwagen auf eine gemeinsame Bandstraße fördern. Verwirklicht wurden solche Konzepte leider nicht

Wie alle kontinuierlich arbeitenden Fördermaschinen lassen sich auch Schaufelradbagger vorteilhafter einsetzen, wenn der Abtransport des Materials stetig erfolgt. Weserhütte konzipierte deshalb einen schwenkbaren Bandwagen auf Raupenfahrwerken (mit einem zweiten Bediener) als mobiles Bindeglied zwischen dem Bagger und der über weitere Distanzen fortführenden Bandstraße

Vielseitige Einsatzmöglichkeiten sollten die auf Raupenfahrwerken beweglichen Bandsegmente von Anderson Mavor bieten, hier ein Projekt für den Autobahnbau mit zwei Schaufelradbaggern E 10. Über Kontaktgeber und Sensoren wären die Förderbänder den beiden Baggern automatisch nachgerückt

Das auf Raupen selbstfahrende Förderband von Rahco war zum Einsatz mit dem 512 T „Continuous Loader", ebenfalls von Rahco, konzipiert, der während des Förderns an dem Band entlangfuhr. Der Parallelabstand zum Band und das Vorrücken wurden über Leitdraht und Sensoren geregelt. Die bis zu 900 t pro Stunde fördernde Bandanlage konnte dank ihrer elektronisch geregelten Niveaukontrolle sogar unebenen Untergrund befahren

sondern auch der gesamten Maschine mitsamt aller Komponenten zu beachten. Im jahrelangen täglichen Dauerbetrieb wird eine solche Maschine, besonders im harten Material, erheblichen Belastungen ausgesetzt, angefangen bei starken Vibrationen und endend bei sich überall absetzendem abrasivem Staub.

Da viele „etwas andere Bagger" während langsamer Fahrt fördern, kommen über die Jahre beachtliche Fahrstrecken zusammen – und entsprechender Verschleiß aller Antriebs- und Laufwerkskomponenten. Hier muß sich nun zeigen, ob in Abhängigkeit von der Investitionshöhe mit der vorhandenen Maschinentechnik Lebenszeiten von 15 000 bis 20 000 Betriebsstunden – ähnlich wie bei Hydraulikbaggern – zu erzielen sind.

Und schließlich haben sich gegenüber den fünfziger, sechziger und siebziger Jahren die Zeiten geändert: Tempo ist zwar nach wie vor wichtig und „Zeit ist Geld", aber nicht mehr unter allen Bedingungen. Deshalb wird sehr hoher Kraftstoffverbrauch nicht mehr ohne weiteres hingenommen. So werden heute zum Beladen eines 25-t-Muldenkippers mit einem modernen Hydraulikbagger zwar mehr als 40 Sekunden benötigt, nämlich sogar „lange" zwei oder gar drei Minuten, dafür aber mit einem Zehntel des Leistungsaufwandes und Kraftstoffbedarfs im Vergleich mit fleißigen Pflugladern.

Heikle Schnittstellen hinter der Maschine

Kehren wir jetzt zu dem bereits am Kapitelanfang angesprochenen Problem zurück: Das vom „etwas anderen Bagger" gelöste Material wird verladen – und muß anschließend abtransportiert werden. Diese Schnittstelle zwischen der kontinuierlichen Förderung und der Beladung (diskontinuierlich) nachrückender Lkw oder Muldenkipper oder auch (kontinuierlich) fördernder Bandstraßen hat es mehr als in sich...

Dabei darf der gewaltige Vorteil, daß Muldenkipper und Bodenentleerer bei schneller Vorwärtsfahrt zur Beladung unter die Förderbänder der „etwas anderen Bagger" fahren können, nicht übersehen werden: Die Transportfahrzeuge rücken in stetiger Kette nach, umständliches und zeitraubendes Rückwärtsrangieren gibt es nicht!

Doch diesem Vorteil steht ein großer Nachteil gegenüber: Bei jedem Fahrzeugwechsel muß der stetige Förderstrom unterbrochen werden, bis der nächste Muldenkipper oder Bodenentleerer unter dem Band steht. Einzig zu vermeiden ist dies mit einer Wechselschurre, die aber aufmerksame Bedienung verlangt.

Mit einer Wechselschurre werden zwei nebeneinanderstehende Muldenkipper oder Bodenentleerer so beladen, daß stets ein Fahrzeug gerade beladen wird, während das andere heran- oder abfährt. Weil Tagebaumuldenkipper aber breit und hoch sind und das mit einer Wechselschurre ausgestattete Abwurfband zwei Muldenkipper nebeneinander überspannen muß, sind sehr lange Förderbandausleger unumgänglich.

Zu lange Abwurfbänder führen aber zu einer Einschränkung der Wendigkeit. Da auf dem Band beträchtliche Materialmengen lasten, kommt es bei sehr langen Ladebändern zu großen Höhenschwankungen, sobald der „etwas andere Bagger" auch nur kleinere Bodenunebenheiten überfährt.

Ob Einzelbeladung oder Wechselschurre, wenn hinter dem gerade zu beladenden Fahrzeug kein weiteres leeres bereitsteht, stockt der Beladevorgang für entsprechend lange Zeit. Große Lücken in der Kette schnell nachrückender Fahrzeuge sind der Albtraum in der kontinuierlichen Förderung, da sie schlichtweg für relativ lange Zeiträume gestoppt wird.

Das ist nur zu vermeiden, wenn gleich mehrere Lkw, Bodenentleerer oder Muldenkipper in einer Schlange aufgereiht auf die Beladung warten. Aber – dann „verdienen" weder Fahrzeuge noch Fahrer Geld, sondern stehen tatenlos herum. Wartende Muldenkipper sind schließlich alles andere als produktiv!

Die Koordination ist stets schwierig

Um eine gute Koordination zwischen dem vorrückenden Gewinnungsgerät und einem mitfahrenden Muldenfahrzeug zu gewährleisten, sollte die Arbeitsgeschwindigkeit möglichst gering sein. Als Grenzwert werden etwa 10 bis 20 m/min angenommen. Je schneller der „etwas andere Bagger" vorrückt (manche mit 80 m/min und mehr), desto schwieriger und unpräziser wird der Wechsel der unter das Verladeband fahrenden Muldenkipper oder Bodenentleerer.

Unwirtschaftliche Unterbrechungen des stetigen Materialflusses sind die Folge, wobei auch Beschädigungen infolge hoher Wechsel- und Mitfahrgeschwindigkeiten möglich sind. Lange Abbaustrecken, die das bequeme Beschicken mitfahrender Muldenfahrzeuge gestatten und nur selten das Wenden der Gewinnungsmaschinen erfordern, gelten wegen der so erzielbaren hohen Nettoförderzeiten als ideal.

Bei etlichen Einsätzen tauchen weitere Probleme auf: Oft fällt die „Mitfahr-Koordination" mit dem jeweils zu beladenden Muldenkipper schwer, besonders dann, wenn die Arbeitsgeschwindigkeit recht groß ist. Bei langsamem Vorschub hält der Muldenkipper für kurze Momente an und rückt von Zeit zu Zeit nach – aber der Muldenkipperfahrer kann die Mulde nicht einsehen und daher nicht beurteilen, wann das Weiterrücken erforderlich ist. Deshalb wird auf so manchem „etwas anderen Bagger" neben dem Bediener ein zweiter Mann als unverzichtbarer Einweiser benötigt – mit entsprechenden Personalkosten.

Und auch dann bleibt die Koordination oft mangelhaft: Der Muldenkipper oder Bodenentleerer muß mittig placiert werden, aber nicht direkt unter dem Abwurfband, sondern so, daß auch der (von der Abwurfhöhe abhängige) Wurfradius des Materials berücksichtigt wird. Ist dies nicht der Fall, werden die Muldenkipper stets stark einseitig beladen, was verschleißfördernde Überlastungen von Rahmen, Fahrwerkskomponenten und Reifen bewirkt.

Wenn ein Muldenkipper dem vorrückenden Surface Miner nicht rechtzeitig folgt, wird die Mulde keinesfalls mittig, sondern vorn im Bereich des Kabinenschutzdaches gefüllt – bei vielen Einsätzen tagtäglich zu beobachten. Nun sind erhebliche Überlastungen der vorderen Fahrwerkskomponenten und der Vorderreifen die unangenehme Folge.

Leider tritt noch ein weiteres Problem beim Beladen von Muldenkippern und Bodenentleerern auf: Die Länge der Abtragstrecke sollte möglichst einer genauen Anzahl von Muldenfüllungen entsprechen. Anderenfalls muß ein nur halb beladenes Fahrzeug die unproduktive Wendephase und sogar ein Stückchen Rückfahrt des „etwas anderen Baggers" mit ausführen.

Schließlich dauert bei einigen Einsätzen die Beladung von Muldenkippern mit 150 bis 170 sht Nutzlast bis zu fünf Minuten. Solche Muldenkipper sind jedoch teuer im Betrieb und sollen fahren, also Massen transportieren, und nicht stehen und warten. Bei der idealen Beladung durch Bagger mit nur drei Ladespielen werden dagegen Zeiten von 1,2 bis höchstens 2 Minuten angestrebt.

Abhilfe schaffen nur „etwas andere Bagger", die einige wichtige Voraussetzungen erfüllen können:

- Sie tragen das Material auf großer Breite und Höhe bzw. Tiefe ab, um pro Meter Vorschub so viel Material wie möglich zu fördern.
- Die Maschine bewegt sich möglichst langsam oder „fast gar nicht", um die Koordination mit zu beladenden Fahrzeugen zu erleichtern.
- Aufgrund der langsamen Bewegung wird weder viel Energie für den Vortrieb benötigt noch tritt großer Verschleiß der Raupenfahrwerke auf.
- Durch den langsamen Vortrieb wird der Anteil der unproduktiven Wendezeiten nach jeder Durchfahrt kleiner.

Denken wir an die im letzten Kapitel vorgestellten Schaufelradbagger, so erfüllen sie viele der oben genannten Bedingungen bestens, haben aber leider recht geringe Schnittkräfte und können keine härteren Böden oder gar Gestein lösen. Dennoch kennen wir gerade von Schaufelradbaggern eine Methode der Weiterförderung, die äußerst verlockend ist...

Statt Muldenkippern folgen Bandanlagen

Grundsätzlich sind beim Einsatz unserer „etwas anderen Bagger" ja mehrere verschiedene Methoden für den Weitertransport des Materials gegeben. Da gibt es Lkw oder Muldenfahrzeuge, mobile Band-

Sogar Bandlader wie dieser große „Rockbelt" der französischen Firma REI (heute RBI) förderten auf Bandstraßen. Stündlich wurden in einem Kohlentagebau mit dem „Rockbelt" durchschnittlich 3000 t Abraum auf das Band geschüttet, das die Erdmassen zu einem schwenkbaren REI-Absetzer transportierte

wagen oder nachfolgende Bandstraßen. In der Theorie wurden Surface Miner und ähnliche Maschinen oftmals mit nachgeschalteten Bandanlagen angeboten, die Praxis sieht jedoch anders aus.

Die betriebsbedingte Eigenart der Maschinen – nämlich kontinuierliches Fördern unter stetiger Eigenbewegung der Maschine – gestaltet den Einsatz nachgeschalteter Bandanlagen ebenso schwierig wie den von Muldenkippern, wenn nicht schwieriger. So sind, abgesehen von Schaufelradbaggern, außer einem Einsatz des US-Herstellers Rahco mit einer raupenmobilen Bandanlage keine anderen Einsätze in Kombination mit Bandanlagen bekannt.

Das ist auf einen Nachteil vieler Surface Miner zurückzuführen: Durch ihr Vortriebstempo sind sie „zu mobil", um sinnvoll mit bestehenden Bandsystemen gekoppelt werden zu können. Die Bänder müßten unentwegt nachgerückt werden, was nur mit raupenmobilen und damit teuren Bandsektionen zu bewerkstelligen ist.

Also muß auch hier das Vortriebstempo der „etwas anderen Bagger" stark gedrosselt werden, beispielsweise wie bei Schaufelradbaggern bis zum Stillstand. Nur so kann die kontinuierliche Förderung mittels nachgeschalteter Bandsysteme fortgeführt werden.

Andererseits würden größere, fest installierte Bandanlagen die Mobilität der Maschinen einschränken. Deshalb wurde besonders in den siebziger und achtziger Jahren der Wunsch laut, speziell für die „etwas anderen Bagger" kleine und ebenfalls mobile, selbstfahrende Bandanlagen zu konstruieren, die den Förderkapazitäten entsprechen sollten.

Tatzelwurm mit Schaufelrad

Die Idee, einen stetigen Materialfluß über sich selbst bewegende Förderbandsektionen zu leiten, ist nicht neu. Schon in den fünfziger Jahren plante der Amerikaner R. G. LeTourneau ein mobiles Bandsystem mit einer Kapazität von etwa 4000 m^3 in der Stunde. Mehrere jeweils 150 m lange Sektionen sollten aneinandergefügt werden können, jede auf riesigen, mit elektrischen Radnabenmotoren angetriebenen Luftreifen fahrend.

Die vordere Sektion sollte einen in das System integrierten Schaufelradbagger darstellen, die hintere einen schwenkbaren Absetzer für 150 m Abwurfradius. Die komplizierte Steuerung und Kontrolle der maximal 22 Sektionen, also einer 3,3 km langen, mobilen Bandanlage, war schon damals rein elektrisch vorgesehen. Nach den Gedanken LeTourneaus wäre diese mächtige Anlage auf ihren Reifen durch Wüsten gerollt, um Kanäle zu baggern, und durch Tagebaubetriebe, um Abraum und anschließend Rohstoffe zu fördern.

Spezielle mobile Bandanlagen für kontinuierlich arbeitende Fördergeräte würden viele Vorteile bieten. Der bei herkömmlichen nachrückbaren Anlagen benötigte Bandwagen als flexible Einheit zwischen Fördergerät und Bandstraße würde nicht mehr benötigt, weil ja nun das Band direkt nachfolgen kann. Kurzfristige, produktionsbedingte Veränderungen im Tagebau- oder Baustellenbetrieb wären schnell durchzuführen.

Mobile Bandanlagen können als selbstfahrende, starre Förderbrücken oder als bewegliche, in mehrere Sektionen aufgegliederte Bandstraßen gebaut werden. Das Prinzip der starren Förderbrücken wird schon seit langer Zeit im Tagebau angewendet, nur in erheblich größeren Dimensionen und damit nicht für kleinere bis mittlere Projekte geeignet.

Mobile und sogar selbstfahrende Förderbrücken sind zumeist Sonderanfertigungen, den gegebenen Einsatzbedingungen entsprechend konstruiert. Sie werden bei Distanzen von 20 bis etwa 100 m eingesetzt und folgen dem Fördergerät „auf Schritt und Tritt", sind also meist mit ihm verbunden.

Fahrende Brücken mit Niveauausgleich

Erstaunliches bei der kontinuierlichen Förderung vollbringen die amerikanischen Pfluglader, besonders, wenn sie mit mobilen Förderbrücken gekoppelt werden. So wurden von der Holland Loader Company aus Billings in Montana (uns aus dem Kapitel über Pfluglader bestens bekannt, heute Holland Equipment und High Plains Industrial) mehrere Förderbrücken gebaut, die an beiden Enden von je einem Raupenschlepper gezogen wurden.

Solche Brücken von bis zu beachtlichen 76 m Länge fördern mit ihrem Band die gleichen Massen wie die Pfluglader, nämlich stündlich etwa 3000 bis 6000 m^3. Die Konstruktion der Brücke erlaubt auch die Kombination mit anderen kontinuierlich arbeitenden Förder- und Ladegeräten.

Die amerikanische Firma B&K Industries entwickelte in den achtziger Jahren die selbstfahrende Förderbrücke „Model 242 Spoiler" zur Verwendung mit senkrecht oder waagerecht schürfenden Pflugladern. (Das amerikanische Wort „spoil" heißt auf deutsch auch „ausgehobene Erde" oder „Halde").

Der „Spoiler" war für Fördermengen von 7700 bis 10 900 t pro Stunde ausgelegt. Mit der Brücke konnten zwischen Aufnahme- und Abwurfstelle Distanzen von maximal 96 m und Höhenunterschiede von bis zu 15 m überbrückt werden, wichtig beim Ausschachten tiefer Kanäle. Der Spoiler war fest mit der hinteren Raupe des Pfluglader verbunden.

Drei Dieselmotoren mit 1200 PS Gesamtleistung trieben den „Spoiler" an. Der erste Motor bewegte hydrostatisch die drei Raupenketten der Abwurfseite, die dank einer Niveauausgleichsvorrichtung auch bei schwierigen Geländeverhältnissen für gute Fahr- und Standstabilität sorgte. Die beiden Raupenketten an der Aufnahmeseite, hydrostatisch vom zweiten Motor angetrieben, wurden vom vorgekoppelten Pfluglader in ihrer Geschwindigkeit und Richtung geregelt.

Die Fahrwerke sowohl auf der Abwurf- als auch auf der Aufnahmeseite waren auch unabhängig voneinander manuell steuerbar, um die Positionierung der Förderbrücke zu erleichtern. Der dritte Motor trieb das 1,8 m breite, mit einer Geschwindigkeit von 260 m/min laufende Förderband an.

Der „Spoiler" war bei verschiedenen Projekten in Kombination mit Pflugladern sehr vielseitig einzusetzen. So konnte bei unveränderten Förderkapazitäten in unterschiedlichen Überbrückungslängen von 42, 60, 78 und 96 m gearbeitet werden. Diese Längen wurden variiert, indem einfach eine oder zwei 18-m-Sektionen hinzugefügt oder abgenommen wurden. Das umlaufende Förderband konnte dementsprechend verlängert oder verkürzt werden.

Als „Model 80 Conveyor" bezeichnete die Holland Loader Co. die riesige, weil 46 m lange Förderbrücke. Beim Ausschachten von Flutkanälen in Venezuela wurden stündlich mit einem Holland 700 Loader 3000 m^3 Erde abgetragen und mit der Brücke am Kanalrand als Deiche aufgeschüttet. An der Aufnahmeseite wurde die auf Raupen rollende Brücke vom Pfluglader gezogen, an der Abwurfseite von einer 385 PS starken Cat D9G

An der Aufnahmeseite der Brücke warf das Förderband des Holland 700 Loader die Erdmassen einfach in einen großen Abzugstrichter. Durch die abgerundete Form konnte der Erdstrom bei allen denkbaren Fahrwinkeln der Förderbrücke vom Trichter sicher aufgenommen werden

Bild: Archiv Oberdrevermann

Auf der Abwurfseite war der „Model 80 Conveyor" über ein allseits bewegliches Kugelgelenk auf einem Raupenfahrwerk gelagert. Die breite Fahrspur der Raupen sorgte auf unebenem, unverdichteten Untergrund für die sichere Fahrt der Brücke. Im Schatten vor den Raupen steht die ziehende Cat D9G

Bild: Archiv Oberdrevermann

Infolge der zunehmenden Kanalbreite wurde die Förderbrücke auf 76 m Länge vergrößert und nicht mehr vom Holland Loader, sondern an beiden Enden von je einer Cat D9G gezogen. Ein solches Team bestand demnach aus vier D9G und drei Fahrern

Für weitere Kanalbauprojekte in Venezuela wurde das Verfahren geändert: Zwei Cat D9G zogen den Holland 700 Loader, statt der schiebenden D9G war die Förderbrücke angehängt, und die an der Abwurfseite ziehende D9G wurde zwecks besserer Übersicht von einem Bedienstand oben auf der Brückenmitte ferngesteuert. Die Flutlichttürme – einer auf dem Pfluglader, zwei auf der Brücke – gewährleisteten den reibungslosen Nachtbetrieb

Bild: Holland Equipment Company, LLC and High Plains Industrial, LLC

Von der Holland Equipment Co. und High Plains Industrial werden die Förderbrücken bis heute für den Direktversturz der Erdmassen genutzt, hier in Kombination mit einem Holland 800 Loader, der von einer Cat D10 gezogen und von einer D9G geschoben wird. Die Brücke arbeitet hier im „langgestreckten" Winkel, da gerade erst am Kanalrand mit dem Aushub begonnen wird

Bild: Holland Equipment Company, LLC and High Plains Industrial, LLC

Die selbstfahrende Förderbrücke „Model 242 Spoiler" von B&K Industries war mit 96 m fast 1/10 km lang und damit die größte je gebaute Brücke für Pfluglader. Mit ihr konnten bis zu 15 m Höhendifferenz überwunden und mehr als 10 000 t pro Stunde gefördert werden. Die Service- und Tank-Lkw an der Abwurfseite verdeutlichen die Dimensionen, ebenso die ganz rechts befindliche Zugraupe Cat D10

Drei zusammen 1200 PS starke Dieselmotoren trieben die Förderbrücke von B&K an. Die Arbeiter zeigen, welche Größe allein das Fahrgestell mit den drei Raupenfahrwerken auf der Abwurfseite hatte. Das Band konnte in seiner Abwurfweite variiert werden. Im Betrieb fuhr die Brücke bis zu 3,2 km/h schnell

Um bestimmte Böden gleichmäßiger verteilen zu können, war der „Spoiler" von B&K an der Abwurfseite mit einem „Spreader" auszurüsten, der den Erdstrom zerteilte und so das Material auf größerer Breite abwarf. Dadurch konnte der Aushub am Boden flacher geschüttet werden

Eine interessante Konstruktion war der „Mobile Arc Conveyor" (MAC) von B&K Industries für 2300 t Förderleistung pro Stunde. Das Band bewegte sich auf elektrisch angetriebenen Raupen in 300-Grad-Bögen um einen Fixpunkt, wo das Fördergut an ein weiterführendes Band übergeben wurde. War genug Material abgetragen, konnten 45-m-Sektionen zur Verlängerung des MAC montiert werden. Hier war das Band bereits 145 m lang

Links: Kaum zu erkennen ist aus der Vogelperspektive der „Easi-Miner" von Huron (oben, bei den beiden Pkw), handelt es sich doch nur um einen Modellentwurf, der die Maschine zusammen mit dem „Easy-Veyor" zeigt, einem großen mobilen Förderband auf Raupen und Stützrädern. Die Sektionen des für über 2700 t/h Förderkapazität ausgelegten Systems wären je 76 m lang und völlig unabhängig voneinander gewesen

Straßen fahren auf Raupen

Wie selbstfahrende Förderbrücken sind mobile Bandanlagen meist speziell auf die Einsatzverhältnisse zugeschnitten. Bandanlagen auf Raupenfahrwerken sind mehr als selten, werden doch alle herkömmlichen Bandstraßen im Tagebau auf Kufen nachgerückt. Doch wird mit mobilen Bandstraßen, unterteilt in mehrere Sektionen mit separaten Raupenfahrwerken, eine hohe Flexibilität ermöglicht.

Die schottische Firma Anderson Mavor, aus dem letzen Kapitel bekannt, entwarf eine auf Raupen fahrende Bandstraße, die in ihrer Förderkapazität auf den von der Firma gefertigten kompakten Schaufelradbagger E 10 abgestimmt war. Anstelle von Schaufelradbaggern sollten auch andere, während des Förderns langsam vorrückende kontinuierliche Maschinen parallel an dieser Bandstraße entlang fahren, die nach jedem Schnitt um die entsprechende Breite nachrückt.

Die amerikanische Firma B&K Industries baute den „Mobile Arc Conveyor" (MAC), der als Bandsystem für 2300 t stündliche Förderkapazität konzipiert und sehr wandlungsfähig war. Der MAC wurde genutzt, wenn das Abtragsgebiet mehr als 1,5 km von dem Abgabegebiet entfernt war.

In das Abtragsgebiet wurde zunächst ein Graben für ein geradliniges, stationäres Förderband gezogen. Am Ende dieses Bandes setzte dann der MAC ein. Ein Rah-

So praktisch förderte ein E 10-Schaufelradbagger von Anderson Mavor den Abraum in einem Steinbruch der englischen Firmengruppe Blue Circle Cement auf das weiterführende Förderband: Am Raupenunterwagen war ein auf vier drehbaren „Teewagen"-Rädern rollendes Traggestell angehängt, das ein Querförderband als flexibles Verbindungsglied zwischen Bagger und Bandstraße trug

men mit zwei Raupenfahrwerken überspannte die Breite des stationären Bandes, damit der MAC an ihm entlangfahren konnte. Auf diesem Rahmen war das mobile Förderband drehbar gelagert, so daß es einen Bogen von etwa 300 Grad um diesen Mittelpunkt beschreiben konnte. Das Band wie auch der am Anfang befindliche Beladetrichter oder Kleinbrecher schwenkten demnach auf einem festen Radius um das Ende des stationären Förderbandes.

Der Einsatz begann auf einem Viertelsegment eines Kreises mit 100 m Radius entsprechend der kürzesten Länge des MAC, der dann einen 300-Grad-Bogen beschrieb und dabei von Fördergeräten beladen wurde. Danach, wenn der MAC wieder am Anschlag zum stationären Band angelangt war, wurde eine 45-m-Sektion hinzugefügt und der Schwenk mit nun 145-m-Radius in entgegengesetzte Drehrichtung durchgeführt, danach mit 190-m-Radius.

War nun das Material auf einem Kreis von etwa 400 m Durchmesser abgetragen, wurde das stationäre Band verlängert, der MAC auf 100 m verkürzt und bis zum neuen Bandende verfahren, wo sich der gesamte Ablauf wiederholte.

In der Förderkapazität zum „Easi-Miner" passend (siehe im Kapitel über Surface Miner), entwarf die Huron Manufacturing Corporation ein mobiles Bandsystem, den „Easi-Veyor". Die Sektionen sollten je 76 m lang und völlig unabhängig voneinander sein. Jede Sektion hätte sich auf zwei Fahrwerken bewegt, die sich jeweils aus einer angetriebenen Raupenkette und zwei seitlichen Stützrädern zusammensetzten. Die beiden Fahrwerke wären drehbar an der Bandsektion befestigt gewesen, damit sich die Sektionen sowohl in Richtung des Hauptbandes als auch quer oder diagonal zu ihm bewegen konnten.

Auch die amerikanische R. A. Hanson Co. (RAHCO) konstruierte für ihre kontinuierlich arbeitenden Fördergeräte verschiedene mobile Bandanlagen. Bei einem System wurde der Bandträger in variablen Längen bis maximal 200 m gebaut und von quergestellten, angetriebenen Einzelraupenfahrwerken unterstützt. An den Unterstützungspunkten war der Bandträger gelenkig, um Höhendifferenzen aufzunehmen.

Schrägstehende Fahrwerke wurden von Sensoren registriert, die an den Einzelfahrwerken befestigte hydraulische Hubzylinder automatisch aktivierten. Diese Zylinder hielten das Band im Querschnitt stets waagerecht und verhinderten Verdrehungen im Träger. Die Raupenfahrwerke konnten so geschaltet werden, daß die Bandanlage entweder parallel vorrückte oder um Anfang oder Ende im großen Bogen schwenkte. Das Band förderte stündlich bis zu 1000 t und konnte sich mit einer Geschwindigkeit von 4 m pro Minute bewegen.

Ein bei Bedarf aufzusetzender, auf dem Band verfahrbarer Bandschleifen-Absetzer bot die Möglichkeit, die geförderten Massen auf einer gewissen Länge parallel zur mobilen Bandstraße zu verkippen. Dies gestattete eine vorzügliche Materialverteilung. Normalerweise übernahm ein RAHCO-Schwenkabsetzer am Ende der mobilene Bandstraße die Verkippung.

Auch Bandanlagen haben Hürden

Bisher arbeitete die überwiegende Zahl aller Surface Miner und vergleichbarer Maschinen ohne nachgeschaltete Bandanlagen. Die praktische Realisierung scheiterte bisher ständig an den hohen Nebenzeiten der Maschinen neben den Bandanlagen. So wird beispielsweise eine Strecke von 1 km Länge von einem durchschnittlichen Surface Miner in rund einer Stunde abgefräst.

Anschließend können aber die Zeiten zum Wenden der Maschine und zum neuen Positionieren des Ladebandes über der Bandstraße durchaus 10 oder gar 15 Minuten betragen. Ein wichtiger Parameter dabei ist auch der Antrieb: Erfolgt er über einen Diesel- oder Elektromotor, für den dann ein Schleppkabel geführt werden muß? Außerdem müßten die Bandstraßen zu jeder neuen Fräsbahn des Surface Miners nachgerückt werden.

Dabei gelangen wir auch bei Bandanlagen zu echten Hürden, die den optimalen Einsatz kontinuierlich arbeitender Förder- und Lademaschinen nicht gerade erleichtern. Im nächsten Kapitel – dem letzten – werden wir eine andere Möglichkeit kennenlernen, dank der sich für Surface Miner wunderbare Aussichten für die Zukunft zeigen…

Eine der größten auf Raupen fahrenden Förderbandbrücken überspannte den gesamten Aufschlußgraben einer Diamantmine der Consolidated Diamond Mines an der südafrikanischen Atlantikküste. Dort förderte ab 1975 ein Kompaktschaufelradbagger SH 400 von O&K / LMG den Abraum über die Brücke mit 107 m Spannweite und 35 m langem Abwurfband. Die Sandmassen wurden zu einem gigantischen Schutzdeich verstürzt, um die 20 m unter dem Meeresspiegel gelegene Mine gegen die Fluten des Atlantiks zu schützen. Durchschnittlich wurden pro Stunde 780 m^3 in 40 473 Betriebsstunden bewegt, insgesamt also mehr als 31,5 Mio. m^3. Erst 1986 wurde die Anlage überholt und von 1,2 auf 1,5 m Bandbreite umgebaut, so daß nun der SH 400 und sogar ein größerer, neuer SH 800 auf die Brücke förderten. Dies steigerte die Förderleistung um etwa 300 Prozent!

Der Traum ist nicht zu Ende

Unsere Reise durch die Welt der „etwas anderen Bagger" nähert sich ihrem Ende. In diesem Kapitel werden wir deshalb noch einen Blick auf aktuelle Entwicklungen, auf interessante Einsätze und neue Maschinen werfen. Dieser letzte Rundblick wird uns deutlich zeigen, daß der langgehegte Traum der kontinuierlichen Förderung – anders als unser Buch – noch längst nicht zu Ende ist. Vielmehr befinden wir uns mitten in einer hochinteressanten, äußerst vielversprechenden Entwicklung.

In England entstand zum Beispiel 2002 der „RBE-1 Rapid Ballast Excavator", eine kontinuierlich arbeitende Maschine zum Aufnehmer alter Gleisschotterbetten (englisch „ballast"). Die Maschine wurde von der zum deutschen Bergbauausrüster DBT gehörenden Firma Jarvis Fastline Ldt. in Derbyshire entwickelt, die auf mehr als 100-jährige Erfahrung in der Fertigung von Bergbauausrüstungen zurückblickt.

Der auf zwei Raupen fahrende „Rapid Ballast Excavator" wird von einem 140 PS starken Dieselmotor hydrostatisch angetrieben. Der Gleisschotter wird vorne durch eine Schneide aufgenommen und mit zwei Drehflügeln zu einem Förderband gebracht, das das Material direkt auf Lkw oder Waggons verlädt. Mit absenkbaren Schienenfahrwerken ist der RBE-1 sogar ein Zwei-Wege-Bagger.

In einem Durchgang kann der Schotter bis zu 60 cm hoch abgetragen werden. Die Regelung von Vortrieb und Förderung erfolgt lastabhängig und wird elektronisch überwacht. Das Verfahren soll die Schotteraufnahme um das vierfache gegenüber anderen Methoden beschleunigen. Eine Laserführung der Fördereinrichtung kann auch installiert werden.

Eine Neuentwicklung präsentierte auch die amerikanische Huron Manufacturing Co., uns bereits mit dem „Easi-Miner" 1224 aus dem Kapitel über Fräsen bekannt. Im Jahre 2002 wurde das Programm um den 67 t wiegenden „Easi-Miner" 475 erweitert, der damit nur etwa halb so groß ist wie sein größerer Bruder.

Der 475 wurde nicht nur für den Kohletagebau konzipiert, sondern auch für die Förderung von Abraum und Zwischenmitteln, aber auch für den Erd- und Tiefbau, und weist deshalb günstige Transportmaße auf – für amerikanische Verhältnisse.

„Etwas andere Bagger" rollen mit Schwung ins 21. Jahrhundert: Der von der englischen Firma Jarvis Fastline Ldt. jüngst gebaute „RBE-1 Rapid Ballast Excavator" wiegt 44 t und soll die Aufnahme alten Gleisschotters um das vierfache beschleunigen. Sechs bis zehn dieser Maschinen sollen auf dem britischen Gleisnetz arbeiten

Die Bauweise des neuen „RBE-1 Rapid Ballast Excavator" von Jarvis ist patentrechtlich geschützt. Sein Konstruktionsteam stammte aus dem Bergbau. Bis zu 18 t Schotter soll der RBE-1 pro Minute fördern und verladen können. Mit seinen hydraulisch absenkbaren Schienenfahrwerken (am Heck zu erkennen) ist der RBE-1 sogar ein „etwas anderer Zwei-Wege-Bagger"

Für den Transport zur Verschiffung nach Indien wurden beim neuen „Easi-Miner" 475 das schwenkbare, 10 m lange Heck-Ladeband und der Flutlichtmast demontiert. Mit nur 3,05 m Breite ist der 475 einfach zu transportieren und soll sich daher auch gut für Baustelleneinsätze eignen

Auf zu neuen Taten: Der 67 t wiegende „Easi-Miner" 475, vollständig montiert, auf dem Weg zu seinem ersten Einsatz in Indien. Raupenfahrwerke, Förderbänder und die mittig angeordnete Schneidtrommel mit 1,37 m Durchmesser werden von einem 600 PS starken Cummins-Motor angetrieben

Äußerst fleißig zeigte sich der „Easi-Miner" 475 beim Einsatz im indischen Braunkohletagebau. Um die beachtlichen Fördermengen von stündlich 500 bis 700 t zügig abtransportieren zu können, müssen lange Schlangen von Lkw bereitstehen. Immerhin werden pro Minute rund 10 t vom Band abgeschüttet

Vom Steinbruch auf die Straße

Eine zukunftsträchtige Entwicklung leitete Wirtgen mit dem „Allrounder" 2200 SM ein: Bei Schneidtiefen bis 35 cm und Fräsbreiten bis 2,2 m ist es möglich, die Maschine dank des modularen Aufbaus sowohl bei der Rohstoff- und Mineraliengewinnung als auch für Arbeiten im Straßen- und Tunnelbau zu nutzen.

Nach dem nur einen knappen Tag beanspruchenden Umbau wird aus dem Surface Miner, dem Gewinnungsgerät für den Steinbruch, eine Kaltfräse für das Belagsfräsen. Eine derartige Dualnutzung bringt viele Vorteile, denn durch das verbreiterte Einsatzspektrum erhöht sich der Nutzungsgrad. Die Stillstandzeiten werden reduziert und damit steigt die Effizienz des 2200 SM.

Durch Zusatzgewichte und Verstärkung wichtiger Komponenten erreicht der 2200 SM für den Einsatz im Gestein ein Betriebsgewicht von 51 t. Damit kann auch mittelhartes Gestein mit guten Leistungen geschnitten werden. Die Abmessungen der Maschine erlauben das schnelles Umsetzen ohne Demontage von Baugruppen.

In den Niederlanden bei Maastricht trägt der 2200 SM bei der ENCI (Eerste Nederlandsche Cement Industrie) 30 m unter dem Grundwasserspiegel so harten Mergel ab, daß zuvor der Einsatz von Baggern nach wenigen Tagen eingestellt wurde. Sprengungen sind nicht erlaubt. Der 2200 SM erzielt Stundenleistungen von 250 bis 300 t und spart nicht nur Personal ein, sondern arbeitet auch schneller und zerkleinert das Gestein besser, so daß der Brecher nicht mehr benötigt wird

Einen Surface Miner auf die Straße zu stellen, ist ohne Umbaumaßnahmen nicht möglich. An die Stelle des extrem robusten Fels-Schneidaggregates rückt nun ein Fräswalzenaggregat, außerdem wird ein Förderband für die Lkw-Beladung eingehängt. Der komplette Umbau dauert mit normaler Werkstattausrüstung weniger als einen Tag

Rechts: Wichtigste Umbau-Komponente ist die Schneidwalze. Die darauf montierten Schneidwerkzeuge sind stets speziell auf den Einsatz abgestimmt. Dabei spielt sowohl die Ausführung des einzelnen Meißels eine Rolle als auch der Meißelhalter, der gewählte Linienabstand der Meißel und deren Anstellwinkel. Hier wird mit einem Gabelstapler der Montagewagen unter den 2200 SM geschoben

Die hydraulische Höhenverstellung des 2200 SM erleichtert den Umtausch der Schneidwalze gegen eine Fräswalze: Die Schneidwalze wird auf das Niveau des vorher untergestellten Walzenwagens gebracht und nach Lösen der Verbindungen, Abbau des Riemenkastens, Aushängen der Kraftbänder und Demontage der Riemenscheibe herausgezogen. Anschließend wird die Fräswalze auf dem gleichen Weg unter das Chassis geschoben und wieder angeschraubt

Nach Anschluß der Hydraulikschläuche und der Wasserversorgung sind die größten Umbaumaßnahmen schon beendet. Auch das Anhängen des zweiteiligen Ladebandes (im Steinbruch legte die Maschine ohne Ladeband das Material in Schwaden ab) und der Austausch der klimatisierten Kabine gegen ein einfaches Wetterschutzdach sind innerhalb kurzer Zeit realisierbar

Der 2200 SM ist für vier verschiedene Einsatzschwerpunkte geeignet:

1.) Für den direkten Abbau von weichem bis mittelhartem Gestein, was das Sprengen und Brechen erübrigt.
2.) Für die selektive Gewinnung, zum Beispiel das schichtweise Abtragen von Kohle und Abraumschichten.
3.) Für Trassierungsarbeiten auf Baustellen, wo konventionelle Methoden wie Sprengen oder der Abbau mit dem Bagger nicht möglich sind.
4.) Für das Schneiden des Profils und Ebnen der Sohle beim Tunnelbau (siehe auch im Kapitel „Steiniger Weg der Fräsen").

Angetrieben wird der 2200 SM durch einen 811 PS starken Dieselmotor. Vier große Raupenlaufwerke und eine hydraulische Vier-Raupen-Lenkung sorgen für gute Manövrierbarkeit. Lenkung und Vorschub werden bequem über Joysticks gesteuert. Die Verladung des Schneidgutes erfolgt wie bei den meisten Straßenfräsen nach vorne (Frontverladung) über 1,1 m breites, zu beiden Seiten schwenkbares Abwurfband.

Um die Abbauleistung in weicherem Gestein zu optimieren, wurde kürzlich ein weiteres Schneidaggregat mit 3,8 m Fräsbreite und bis zu 22 cm Schneidtiefe entwickelt. In Materialien, die bis zu 30 MPa einaxialer Druckfestigkeit aufweisen, beispielsweise Braunkohle, weicher Kalkstein, Weichmergel, Phosphat und Gips, wird so die Fräsleistung um bis zu 40 Prozent gesteigert. Die neue Fräswalze ist mit 200 Meißeln bestückt und wiegt rund 14 t.

Nicht nur in Europa, sondern auch in Japan und Algerien überzeugt das duale Nutzungskonzept des 2200 SM die Betreiber. Schon sechs 2200 SM haben das Wirtgen-Werk in Windhagen mit den entsprechenden Vorrüstungen verlassen, um sowohl bei der Rohstoffgewinnung als auch auf der Straße zukünftig flexibel ihre Arbeit zu verrichten.

Nach dem Umbau ist aus dem Surface Miner eine Kaltfräse für den Einsatz auf der Straße geworden. Bestückt mit einer Standard-Fräswalze und Fräsmeißeln Typ W6 zieht der 2200 SM, kurze Zeit nach Verlassen der Werkstatt, seine Bahnen auf einer niederländischen Ortsdurchfahrt bei Breda. Bei 2,2 m Arbeitsbreite beträgt die Frästiefe hier zwischen 15 und 20 cm

„Das kontinuierliche Laden hat auf jeder Baustelle große Vorteile", beschreibt Rabaud die Arbeitsweise des neuen „Rotograde 6000". Für den effektiven Straßenbau ist die Maschine serienmäßig mit zwei seitlich am Frontrotor angeordneten Laserempfängern für die präzise Höhenausrichtung ausgestattet

Wie groß das allein schon 6,9 t schwere und 6,5 m breite Förderwerkzeug des „Rotograde" von Rabaud ist, veranschaulicht die Übersichtszeichnung. Der Rotor hat 95 cm Durchmesser, ist mit 125 Zahnmeißeln bestückt und arbeitet auf 6 m Breite

Angetrieben wird der „Rotograde 6000" von einem 400 PS leistenden Caterpillar-Motor und einer Hydrostatik, die Räder, Schneidwalze und Förderbänder bewegt. Zwei kleine Räder an den Außenenden hinter dem Rotorkasten erleichtern die präzise Ausrichtung beim Fördern

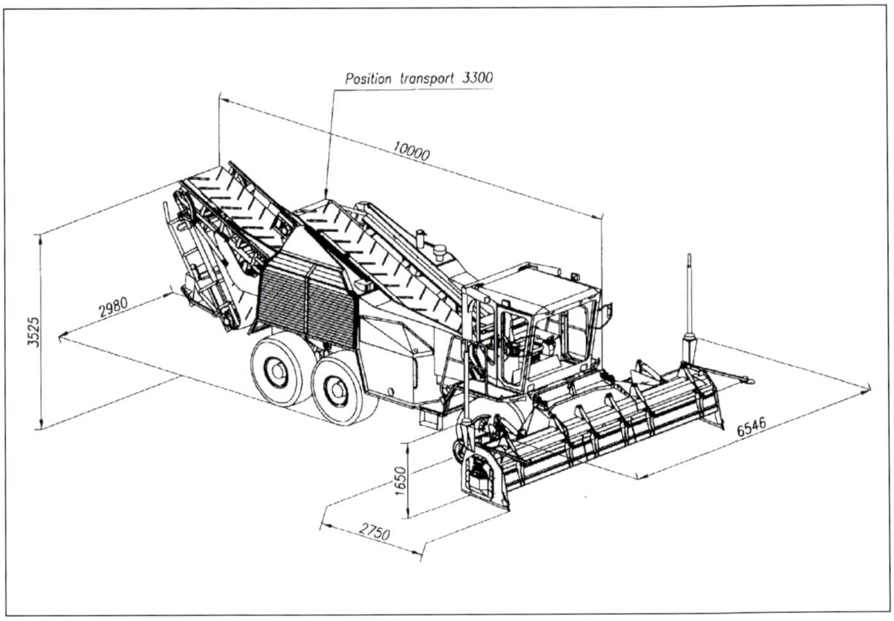

Dreiachsiger Rotograde und zweiarmiger Häggloader

Einer der wenigen „etwas anderen Bagger" auf Radfahrwerken stammt aus Frankreich von Rabaud, einem Hersteller von Straßenbaumaschinen. Der 28 t wiegende „Rotograde 6000" wurde für das Nivellieren und Anlegen des Feinplanums bei der Trassierung neuer Straßen entwickelt.

Zwecks besserer Mobilität, besonders beim Umsetzen der Maschine auf langgestreckten Trassenbaustellen, wählte Rabaud für den 12,8 m langen „Rotograde 6000" ein dreiachsiges Radfahrgestell. So erreicht der „Rotograde" bis zu 14 km/h Tempo und ist auch beim Fördern bis zu 3 km/h schnell.

Für den bequemen Transport wird das Heckladeband zusammen gefaltet und die Höhe des mittleren Förderbandes auf nur 3,3 m reduziert. Mit abgebautem Frontrotor ist die Maschine nur 2,98 m breit und daher ohne Sondergenehmigung mit dem Tieflader zum nächsten Einsatzort zu bringen.

Nicht für den Straßenbau, sondern vornehmlich für den Tunnel- und Stollenbau wurde in Schweden eine außergewöhnliche Lademaschine konstruiert, der Häggloader, eine Mischung aus Hydraulikbagger und kontinuierlich fördernder Maschine. Der ursprünglich von Hägglunds und jetzt von der GIA Industri AB gebaute Häggloader arbeitet anders als ein Bagger oder Radlader, weil sich die Maschine während des Ladens nicht bewegt.

Das vom Ladearm geförderte Material fällt auf einen Bandförderer, der hydraulisch höhenverstellbar und in verschiedenen Längen erhältlich ist. So ist der Häggloader auf Tunneldumper und andere Transportmethoden abzustimmen. Für höchst effektives Laden kann der Häggloader auch mit zwei hydraulischen Ladearmen ausgestattet werden. Zudem ist der Häggloader zum Heben von Ausbaubögen und zum Baggern von Drainagegräben umzurüsten.

Dank eines Häggloaders können im Tunnel die Nischenabstände für das Schuttern auf 400 bis 500 m vergrößert werden. Das bedeutet, daß beim Radladereinsatz über die gesamte Tunnellänge vier- bis fünfmal so viele Nischen erforderlich sind wie mit einem Häggloader.

Der Ladearm und das mittig angeordnete Förderband werden elektro-hydraulisch angetrieben. Für den Allrad-Fahrantrieb sorgt ein Deutz-Dieselmotor. Die Allradlenkung der vier Räder ermöglicht dem Häggloader auch Diagonalfahrten und erleichtert das schnelle und präzise Positionieren.

Mit einem Schnellwechsler kann der Reißlöffel am Ladearm gegen einen Hydraulikhammer ausgetauscht werden, auch zum Setzen von Bewehrungsbögen.

Für absolut kontinuierliches Schuttern im Tunnel kann der Häggloader auf Schienenfahrwerk geliefert und mit einem „Shuttletrain" kombiniert werden. Bei einem solchen Zug wird das Material mittels integrierter Förderbänder von Wagen zu Wagen transportiert. Bis zu acht solcher Wagen mit jeweils 9 bis 14 m^3 Inhalt sind zu einem Zug zu verbinden.

Der seltsame Häggloader vereint die Funktionen von Hydraulikbagger und kontinuierlicher Fördermaschine. Der in zwei Größen als 10HR und 12HR für Ladeleistungen von 4 und 6 bis 9 m^3 pro Minute erhältliche Häggloader wurde in erster Linie für die Aushubförderung (das sogenannte Schuttern) im Tunnel- und Stollenbau konstruiert

Die luftbereiften Häggloader sind in zwei Größen als 10HR für 3,4 bis 4 m und als 12HR für 4,5 bis 6,2 m Tunnelbreite lieferbar. Der Einfang- und Räumschild des Häggloaders kann hydraulisch ein- und ausgefaltet und mit anzuschraubenden Verbreiterungen Tunnelquerschnitten zwischen 15 und 50 m^2 angepasst werden

Mit Waage und GPS in die Zukunft

Auch in anderen Bereichen ist der Traum der kontinuierlichen Förderungen noch längst nicht beendet. Im Gegenteil, moderne Meß- und Elektroniksysteme ermöglichen eine erhebliche Optimierung der Einsatzparameter.

So stellte die Mining Division von Wirtgen der chilenischen Atacamas Mineras zunächst als Probegerät einen Surface Miner 2100 SM zur Verfügung, dessen Förderband mit einer Bandwaage der deutschen Firma Pfreundt ausgerüstet war. Der Surface Miner fräste Schichten von 20 cm Dicke ab und förderte das Material in vorausfahrende Lkw.

Im Boden der nordchilenischen Atacama-Wüste befinden sich dicht an der Oberfläche, unter einer nur 20 cm dicken Gesteinsschicht, große Mengen von Caliche in nur 1 bis 1,5 m mächtigen Vorkommen. Dieses hochwertige, stickstoffreiche Salz, das auch hohe Anteile an Jod und Bor enthält, dient der chemischen Industrie als Grundstoff.

Die im Surface Miner integrierte Bandwaage bietet eine Reihe von Vorteilen gegenüber einer volumetrischen Berechnung der Fördermengen anhand von Fräsbreite, Frästiefe und spezifischem Gewicht. So kann nun die Schneidleistung als objektive Massenstrommessung in Tonnen oder t/h erfaßt werden.

Diese Art der Messung ist präziser, vor allem bei uneinheitlichen spezifischen Gewichten des Abbaumaterials. Zugleich kann über

Gut gewogen ist halb gewonnen: In der Atacama-Wüste trägt dieser Surface Miner Caliche ab, das beim Verladen gewogen wird. Die mit der Bandwaage von Pfreundt eingebaute Wägeelektronik samt Drucker ermöglicht neben der Anzeige der Förderleistung auch die Verarbeitung und das Ausdrucken von Daten. Außerdem können Optionen von der Datenfernübertragung über Statistiken bis hin zur Positionsbestimmung per GPS eingebunden werden

Eine unscheinbare Antenne in der Maschinenmitte zeigt, daß hier Signale aus dem fernen Weltraum mithelfen: Durch die GPS-Satellitensteuerung von Trimble wurde beim Autobahnbau nahe Kaiserslautern das am Fahrerstand auf dem Computerdisplay ersichtliche, zuvor elektronisch eingelesene dreidimensionale Geländemodell von der Wirtgen-Fräse zentimetergenau abgearbeitet

Vergleiche der ermittelten Leistungen in t/h die optimale Frästiefe bestimmt werden. Auch der Meißel- und Energieverbrauch des Surface Miners läßt sich anhand der Daten optimieren. Vorteilhaft ist zudem, daß Überladungen der Lkw vermieden werden.

Die Tests, bei denen auf einer Fläche von 250 x 50 m rund 50 000 t Material abgetragen wurden, überzeugten Atacamas Mineras davon, daß die Surface Miner die richtigen Abbaugeräte für die Caliche-Vorkommen sind. Daher fördern dort nun zwei 2100 SM täglich rund 5000 t Material. Beide Maschinen sind mit der Bandwaage BW-1 von Pfreundt ausgerüstet, die in das Ladeband integriert ist.

Vergleichsmessungen bei Atacamas Mineras mit beladenen Lkw zeigten, daß die Wägegenauigkeit bei über 98 Prozent liegt. Die im Fahrerhaus untergebrachte Wägeelektronik zeigt wahlweise die Förderleistung pro Stunde, die Tages- oder Schichtsummen oder andere Werte an.

Daß sich Surface Miner mit integrierter Förderbandwaage nicht nur für den chilenischen Caliche-Abbau eignen, zeigt die Nachfrage nach dem Vorführgerät: Nach dem Einsatz in Chile arbeitete es in der Dominikanischen Republik an der Errichtung eines Straßeneinschnittes.

Zentimetergenau mit Satellitenhilfe

Beim Bau eines Streckenabschnittes der Autobahn A 63 bei Kaiserslautern konnte das Erdplanum nicht wie üblich mit Baggern und Planierraupen hergestellt werden, da ungefähr 70 cm oberhalb der Planumshöhe anstehender Fels solche Arbeiten unmöglich machte. Deshalb wurde das Planum auf einer Länge von 1 km und auf 26 m Fahrbahnbreite mit einer Wirtgen-Fräse der Firma Kutter aus Memmingen fertiggestellt.

Um die geforderte Genauigkeit von +/- 3 cm einhalten zu können, wurde die Wirtgen-Fräse W2200 mit einer dreidimensional arbeitenden GPS-Satellitensteuerung von Trimble ausgestattet. Da sowohl Planierraupen als auch Grader auf dieser Baustelle schon über GPS-Systeme verfügten, konnte auch der Fräseneinsatz davon profitieren. Als Steuerungscomputer wurde der Grade Processor GP3 des deutschen Trimble-Partners Wirth Elektroniksysteme aus Ebenhausen verwendet.

Die Fräse arbeitete sich nach drei Übergängen auf die Sollhöhe des Planums herunter. Das gesamte Projekt wurde in 44 Arbeitstagen bewältigt. Täglich konnten von der W2200 mehr als 1000 m^3 abgetragen und verladen werden. Auch die seitliche Abklappung mit genau vier Prozent Querneigung wurde dank Satellitenhilfe genau abgefräst.

Neue Baureihe deutscher Surface Miner

Nach Wirtgen und Krupp nahm 1999 sogar eine dritte deutsche Firma den Bau von Surface Minern auf. Die zum MAN-Konzern gehörende Firma TAKRAF Fördertechnik präsentierte den Prototypen einer neu entwickelten Serie, den rund 200 t schweren und 1430 PS leistenden MTS 1250. Die Maschine absolvierte im mitteldeutschen Braunkohlentagebau Profen beim Abbau von Kohle- und Tonschichten ein umfangreiches Testprogramm.

In der Braunkohle erreichte der Surface Miner eine größte stündliche Förderleistung von bis zu 2000 m³. Dabei wurden Schichten bis zu einer Mächtigkeit von 1,2 m in einem Schnitt abgebaut. Die Maschinen von MAN TAKRAF können kompakte oder geklüftete Gesteine mit einaxialen Druckfestigkeiten bis 50 MPa und bei unterstützender Klüftigkeit sogar noch härtere ohne Vorsprengen abtragen.

Dank der Frontschneidwalze kann der MTS 1250 auch unebene Oberflächen schneiden, zudem ist sehr guter Zugang zur Schneidwalze für Servicearbeiten wie den Meißelaustausch gegeben. Durch die Schneidrichtung von oben in die Gesteinsoberfläche wird das Herausreißen großer Gesteinsbrocken aus der Oberfläche verhindert und die Staubverteilung gehemmt. Die besondere Anordnung und Anzahl der Meißel gestattet bei stufenlos einstellbarer Fräswalzendrehzahl und Vortriebsgeschwindigkeit sogar die Beeinflussung der Materialstückigkeit.

Mit rund 10 m Höhe, 6,3 m Breite und 32 m Länge ist der Surface Miner MTS 1250 von MAN TAKRAF wahrlich eine beeindruckende Maschine. Durch die Konzeption mit vorderer Fräswalze und Dreiraupenfahrwerk sind sehr anpassungsfähige Abbaumöglichkeiten gegeben. Außerdem fahren alle Raupen gleichmäßig auf einem guten, gefrästen Planum, wobei Geschwindigkeit und Vortrieb stufenlos regelbar sind

Anders als bei einigen Surface Minern wird die Fräswalze des MTS 1250 nicht mechanisch, sondern hydrostatisch von zwei zusammen rund 1000 PS starken O&K-Hydraulikmotoren F 800 angetrieben. Der Antrieb der Raupenfahrwerke erfolgt ebenfalls hydraulisch durch drei O&K-Planetenrad-Fahrgetriebe F 130, ebenso der des Verladebandes.

Mit Hilfe der Referenz des MTS 1250 konnte MAN TAKRAF einen Auftrag für einen kleineren Surface Miner MTS 250 für

Der MTS 1250 wurde im Braunkohlentagebau nahe Leipzig ausführlich getestet und belud Muldenkipper von Cat und Komatsu mit 90 bis 100 t Nutzlast. Dank der großen Schnittbreite von 5 m und -tiefe von 1,2 m war der Vortrieb sehr langsam, was die Koordination mit den Kippern erleichterte. Nur 8 bis 12 m Abbaustrecke reichten, um einen Muldenkipper beladen zu können Bild: Archiv Oberdrevermann einen Tagebau in Usbekistan gewinnen. Die Maschine für 250 m^3 Förderleistung pro Stunde ging 2002 in Betrieb und baut Phosphorit und Mergel mit bis zu 50 MPa Druckfestigkeit ab.

Auch beim Einsatz des kleineren MTS 250 von MAN TAKRAF in Usbekistan zeigten sich die bekannten Probleme beim Wagenwechsel, wie die Fachzeitschrift World Mining Equipment berichtete. Sobald kein Muldenkipper rechtzeitig nachrückte, mußte der Surface Miner gestoppt werden, was natürlich die Förderleistung stark mindert.

Eine Herausforderung sind dort auch die ständig wechselnden Gesteinshärten. Damit die Härte des Gesteins schon beim Herannahen des Surface Miners erkannt und sofort Frästiefe und Vortrieb darauf eingestellt werden können, wird sogar die Nutzung von Röntgenstrahlen erwogen. Dies wäre der erste Röntgeneinsatz im Bergbau, was viele zusätzliche Forschungen nach sich ziehen würde.

Der erste kleinere Bruder des MTS 1250, der 1000 PS starke MTS 250, wird seit 2002 im usbekischen Phosporittagebau Taschkura eingesetzt und muß sich dort unter hartem Wüstenklima von -20°C bis +50°C in Sand- und Schneestürmen bewähren. Durch den Surface Miner wurde der Abbau von den bisherigen drei Arbeitsschritten (Reißen, Abschieben, Laden) auf einen konzentriert und zudem der Primärbrecher erübrigt

Für die Einsatzvorbereitung bei möglichen Kunden und zu Forschungszwecken wurde von MAN TAKRAF außerdem der kleine, leicht zu transportierende „Testminer" TM 25 mit einer Nennförderung von bis zu 100 m^3/h gebaut. Mit dem „Testminer" können die zu erwartenden Abbaubedingungen beim Kunden erfaßt und gemessen werden, um die erforderliche Schneidenergie zu ermitteln sowie den Schneidprozeß und die Meißel zu optimieren. Die Daten können anschließend auf die Konstruktion eines großen Surface Miners übertragen werden.

Im Frühjahr 2004 schloß ein „Testminer" Versuchsreihen in einem Kupfertagebau in Chile ab, wo das Erz auf der tiefsten Sohle sogar Druckfestigkeiten von 60 bis 80 MPa aufweist. Trotz der schweren Abbaubedingungen sollen die Versuche sehr positiv gewesen sein. Zu überprüfende Parameter sind derzeit die Lebensdauer der Meißel und die Verschleißteilkosten.

Deutlich ist beim MTS 1250 die Trennung von Fahrwerk und Fräswerkzeug (grau), verwindungssteifem Grundrahmen mit Heckförderband (gelb) und Antriebscontainer (weiß) zu erkennen. Das Fahrwerk besteht aus zwei nicht lenkbaren vorderen Pendelraupen und einer lenkbaren hinteren Pendelraupe. Insofern wurde die frühere CMI- und spätere Wirtgen-Bauweise des Fahrwerks einfach umgedreht

Bild: DBH Baumaschinen

Beladung im Ein-Minuten-Takt

Kaum jemand würde wohl vermuten, daß ausgerechnet in Deutschland vor gar nicht langer Zeit einer der seltenen Huron „Easi-Miner" zu einem noch selteneren Baustelleneinsatz genutzt wurde. Wir kennen die „Easi-Miner" bereits aus dem Kapitel über Fräsen und vom Beginn dieses Kapitels den neuen, kleinen „Easi-Miner" 475.

Nördlich von Leipzig wurden ab 2001 auf einem 1,8 km langen und 1,3 km breiten Areal die Vorbereitungen für den Bau des neuen BMW-Automobilwerkes getroffen. Um auf der gesamten Fläche Höhenunterschiede von bis zu 8 m auszugleichen, war eine Geländeregulierung mit 3,3 Mio. m^3 Erdbewegung unumgänglich.

Trotz des massiven Einsatzes von zeitweise etwa 200 Erdbaumaschinen im Schichtrhythmus war es erforderlich, diese Aufgabe mit alternativen Erdbau-Methoden und einem „etwas anderen Bagger" zu bewältigen. Erstmals kam daher bei einem solchen kurzzeitigen Massenausgleich ein „Easy-Miner" 1224 der Huron Manufacturing Co. zum Einsatz.

Der „Easy-Miner" wurde vorübergehend aus einem benachbarten Braunkohlentagebau abgezogen. Zwei dieser Maschinen werden seit 1995 von einem Bergbauunternehmen im Südraum von Leipzig erfolgreich eingesetzt. Dort erreichen die „Easy-Miner" Spitzenleistungen von stündlich 1500 t und im Dauereinsatz bei der Beladung von Muldenkippern mit 77 t Nutzlast 1300 t.

Auf der Baustelle in Leipzig wurde mit einer Schnittiefe von 0,4 bis 0,5 m gearbeitet. Die Förderleistung lag pro Schicht bei 9500 t Erdreich. Der bordeigene Flutlichtmast und Dieselgenerator des „Easy-Miner" ermöglichte den ständigen Nachteinsatz.

Ausgefeilte Transportlogistik

Entscheidend für den profitablen Einsatz des „Easy-Miner" war die Bereitstellung von ausreichend geeigneter mobiler Transportkapazität, denn die Beladung eines knickgelenkten 40-t-Muldenkippers dauerte nur knapp eine Minute, und Wartepausen mußten unbedingt vermieden werden.

Um den „Easy-Miner" produktiv zu halten, sollten die Knicklenker in ebenso stetiger wie schneller Folge unter das Verladeband fahren. Damit tägliche Förderleistungen von mehr als 10 000 m^3 erzielt werden konnten, waren Wagenwechsel in weniger als einer Minute anzustreben.

Der „etwas andere Bagger" konnte auf der Baustelle bei Leipzig mit seinem 4 m breiten Fräsrotor bis zu 0,6 m tief Boden abtragen und über das 1,8 m breite und 17 m lange Schwenkband die unterfahrenden Muldenkipper beladen. So wurden täglich mehr als 10 000 m^3 gefördert

Bild: DBH Baumaschinen

Weniger als eine Minute benötigte der 110 t schwere „Easy-Miner" für die Beladung der nachrückenden Knicklenker mit 40 t Nutzlast. Dies stellte auch eine Hürde da: Die nicht zu vermeidenden, aber sehr häufigen Wagenwechsel und somit erzwungenen Unterbrechungen reduzierten die theoretisch mögliche Förderleistung um fast die Hälfte Bild: DBH Baumaschinen

In dieser raschen Folge trafen die beladenen Knicklenker auch beim Einbau ein. Dort waren die Entladefolge und das umgehende Ebnen mit schnell fahrenden Raddozern bestens organisiert, um die hohen Förderleistungen des „Easy-Miners" auch auf der Einbauseite umsetzen zu können.

Um die für den Bau des BMW-Werkes anstehende Bodenverbesserung zu unterstützen, wurde die Frässpur vor dem „Easy-Miner" von Streufahrzeugen mit einer Kalkauflage versehen. Der „Easy-Miner" fräste auf diese Weise das Bindemittel beim Bodenabtrag mit in die Erde ein.

Dadurch kam es zu einer optimalen Vermischung des Materials mit dem interessanten Nebeneffekt, daß das Abtragsmaterial eine homogene Struktur erhielt, was für den Nutzlastfaktor der Muldenkipper sowie für die Einbauqualität und Einbaugeschwindigkeit sehr positiv wirkte. Eine Homogenisierung des Bodens kann weder mit Baggern noch mit Radladern realisiert werden.

Anhand der Einsatzerfahrungen zeigt sich, daß der „Easy-Miner" eine Alternative beim Abtrag großer Erdmassen darstellt, aber einer sorgfältigeren Einsatzvorbereitung bedarf als andere Fördermethoden im Erdbau. Allein die Montage des „Easy-Miner" erforderte rund vier Arbeitstage. Die Maschine wird mit vier großen Tiefladern umgesetzt, wobei die größte Last 65 t beträgt.

Um den „Easy-Miner" sinnvoll einsetzen zu können, muß das Erdbauvolumen mindestens 1 Mio. m^3 betragen. Deshalb gelten große Geländeregulierungen im Industriebau, Linienbaustellen im Verkehrswegebau und Arbeiten bei der Gestaltung von Bergbaufolgelandschaften als wichtige zukünftige Einsatzgebiete der „etwas anderen Bagger".

Der „Easy-Miner" steht im Mieteinsatz für Erd- und Tiefbauprojekte von mehr als 1 Mio. m^3 Umfang zur Verfügung, verlangt jedoch eine ausgefeilte Baustellenlogistik. Zudem muß die mächtige Maschine auf vier großen Tiefladezügen transportiert und in rund vier Tagen montiert werden Bild: DBH Baumaschinen

Anhängescraper trennen Lösen und Laden

Äußerst vielversprechende Perspektiven zeichnen sich durch die Kombination kontinuierlich arbeitender Maschinen mit Scrapern ab, die beim Abtransport des Materials sowohl Förderbänder als auch Muldenkipper erübrigen.

Ein Scraper schürft in seinen abgesenkten Kübel Material hinein. Mit geschlossenem Kübel wird das Material abtransportiert und während der Fahrt durch eine Ausschub- oder Auskippvorrichtung in ebenen Lagen eingebaut und dabei verdichtet. Bei allen Arbeitstakten fährt der Scraper, ein Anhalten ist nicht erforderlich.

Das heißt, ein Fahrer und eine Maschine übernehmen ohne jeglichen Halt sämtliche Arbeiten: Entnahme, Aufladen, Transport, Abschütten, Einbau in flachen Lagen. Bagger, Radlader, aber auch Rad- oder Kettendozer zum Ebnen abgekippter Ladungen erübrigen sich. Zeitraubendes Rückwärtsrangieren zum Beladen und Abkippen entfällt ebenso wie das Positionieren unter einem Ladegerät.

Ein Scraper ist ständig, im Idealfall ohne Unterbrechung, in Fahrbewegung. Für einen Scraper gibt es keine unproduktiven Arbeitsphasen. Damit waren und bleiben Scraper die optimalen, von keiner anderen Maschinengattung übertroffenen Erdbaumaschinen – und passen somit eigentlich bestens zu unseren „etwas anderen Baggern"!

Ein Beispiel aus einem Kalksteintagebau aus Frankreich veranschaulicht die sich abzeichnenden Vorteile: Dort belädt ein Surface Miner von Wirtgen 13 m^3 fassende Tandemanhänger, die von 170 bis 200 PS starken Traktoren gezogen werden. Um „die Leistung des Surface Miners abtransportieren zu können", sind acht solcher Traktor-Kippanhänger-Züge erforderlich.

Die Beladung eines Muldenanhängers dauert rund eine Minute, so sogenannte Wagenwechselzeit aber fast ebenso lange. Schließlich muß der volle Traktorzug anfahren, ein leerer nachrücken, genau unter dem Band positioniert werden und der Surface Miner wieder anlaufen.

Insofern geht fast die Hälfte der Arbeitszeit für unproduktive Wagenwechselzeiten verloren – und damit die Hälfte der theoretischen Förderleistung. Deshalb

Für den Bau des Flugplatzes Leipzig wurde eine andere Maschine aus dem Kohletagebau kurzerhand zweckentfremdet, die uns aus dem Kapitel über die vielen, vielen Versuche bereits bekannt ist.
Der 135 t schwere und 1020 PS starke VASM 2 D von Voest Alpine kam hier zu neuen Ehren und sollte Erdreich zum Durchmischen mit Kalk abtragen. Dazu wurde vom Bauunternehmen Möbius eine auf Raupen fahrende Mischeinheit (Bild rechts) für die Kalkzugabe montiert, die hinter dem VASM 2 D fuhr

Bilder: DBH Baumaschinen

wurde von DBH Baumaschinen aus Leipzig ein besseres Konzept vorgeschlagen, und zwar mit Traktoren und Reynolds-Anhängescrapern.

Die Transportflotte wurde von acht Traktoren auf nur vier reduziert, die aber mit 250 PS stärker sind und daher zwei Anhängescraper hintereinander ziehen können. (Zwei Muldenanhänger hintereinander sind nicht möglich, da die Mulde des vorderen Anhängers ja nicht ohne weiteres kippen kann.)

Die Anhängescraper werden jedoch nicht wie die Muldenkipper vom Ladeband des Surface Miners gefüllt. Im Gegenteil, das Ladeband wurde komplett entfernt. Stattdessen sind nun hinter der Frästrommel zwei schräge Führungsbleche angeordnet, die das gelöste Material zwischen den beiden hinteren Raupenfahrwerken zu langen Schwaden aufhäufen. Diese Schwaden sind etwa 10 bis 20 cm schmaler als die Schneiden der Anhängescraper.

Der kleinere Tesmec „Rock Hawg" TRS 1150 ist mit 50 t Gewicht, 425 PS Motorleistung, 2,4 bis 2,8 m Fräsbreite und bis zu 90 cm Frästiefe auch nicht gerade ein „etwas anderer Minibagger". Die bei zahlreichen Einsätzen mit der Maschine gesammelten Erfahrungen flossen in die Konstruktion des „Rock Hawg" TRS 1475 ein

Eine gewaltige Maschine mit bulliger Kraft ist der „Rock Hawg" TRS 1475 von Tesmec mit seiner 2,2 m großen und bis zu 4,1 m breiten Frästrommel. Der 110-t-Koloß ist 11,7 m lang, ohne Fräse 3,8 m breit und 4,4 m hoch. Der „Rock Hawg" erübrigt Hydraulikhämmer, Reißraupen und Sprengungen

Dadurch hat sich nun das komplette Abbau- und Transportverfahren geändert: Der Surface Miner fährt nur noch in langen Bahnen auf und ab, hat also keinerlei Haltezeiten mehr für die Fahrzeugwechsel. Einige Bahnen „weiter hinten" folgen die Traktoren und nehmen mit den Anhängescrapern die Schwaden auf.

Auf diese Weise wurden das Lösen mit dem Surface Miner und das Laden vollständig voneinander getrennt. Der Surface Miner bleibt (bis auf die Wendezeiten) unentwegt produktiv, und Scraper sind sowieso produktiver als Muldenkipper, da sie weder beim Beladen noch beim Abkippen halten oder gar rückwärts rangieren müssen. Vielmehr bleiben Scraper ja beim Laden, Transportieren, Abschütten und Zurückkehren zur Ladestelle unentwegt in Fahrt, müssen also nur zum Tanken und in den Pausen anhalten.

Bei Testeinsätzen wurden mit einem Wirtgen 2600 SM bei Schwadenlegung des geschnittenen Materials eine durchschnittliche Förderleistung von 686 t pro Stunde ermittelt, aber bei Fahrzeugbeladung über das Abwurfband nur 411 t. Das entspricht bei der Schwadenlegung demnach einer Erhöhung der Förderleistung um bemerkenswerte 67 Prozent. Übrigens können die Schwaden natürlich auch ganz konventionell mit Radladern auf Lkw oder Muldenkipper geladen werden.

Weder Löffel noch Ladung werden gehoben

Doch im Vergleich zu herkömmlichen Lademethoden bieten sich mit dem von DBH entwickelten Verfahren beachtliche Vorteile:

- Die Anzahl der Traktoren reduzierte sich um die Hälfte, damit auch die Zahl der Fahrer und die Lohnkosten.
- Trotz größerer Motorleistungen verbrauchten weniger Traktoren deutlich weniger Kraftstoff.
- Die Förderleistung des Surface Miners wurde wegen der entfallenden Wagenwechselzeiten fast verdoppelt.
- Um die Hälfte weniger Traktoren und Fahrer transportieren dank der Scraper eine annähernd doppelt so große Fördermenge ab wie zuvor.

Hinzu kommen weitere gravierende Vorteile, die auf den ersten Blick gar nicht ersichtlich sind: Das vom Surface Miner

Soll das in Schwaden von den neuen, „bandlosen" Surface Minern abgelegte Material mit Radladern aufgenommen und verladen werden? Praktischer sind Scraper: Sie schürfen das gefräste Material im Alleingang auf und transportieren es fort – und ersparen jeder Tonne den „Umweg" über mehrere Meter Verladehöhe! Je nach Material zieht dieser Valtra-Traktor S 260 ein oder zwei Anhängescraper von Reynolds

Bild: DBH Baumaschinen

Mit leistungsfähigen Traktoren wie dem Case „QuadTrack" erzielen Anhängescraper außerordentliche Förderleistungen. Die Ejector-Scraper 7.7 E 3.0 M von DBH Baumaschinen verfügen über eine patentierte Steuerfunktion für schnelle und synchrone Arbeitsspiele und sind so vorgerüstet, daß sie abgelegte Schwaden im Tandem- und Trigonbetrieb aufnehmen können. Die Schürfzuggespanne lassen sich beliebig zusammenstellen

Bild: DBH Baumaschinen

gelöste Material macht nicht mehr den „luftigen" Umweg mit dem Förderband in einige Meter Höhe. In jeder Minute förderte sein Band ja rund 25 t Material in 3,5 m Höhe. „Wieso, welche Vorteile kann das schon bringen?", werden Skeptiker nun fragen.

Denken wir ans Treppensteigen, an Bergauffahrten mit dem Fahrrad, Auto oder Lkw: Zigtausende Tonnen gelösten Materials müssen nun nicht mehr einige Meter hoch über Lkw-Bordwände und Muldenseiten gewuchtet werden – nur um ein paar Augenblicke später wieder um genau diese paar Meter aus der Mulde abwärts rutschen! Dies spart Unmengen von Energie und damit Kraftstoff.

Man stelle sich das so vor: Mit einem konventionellen Bagger werden beispielsweise bei jedem Ladespiel 2 m³ vom Baggerlöffel jeweils 3 m hoch gehoben. Nehmen wir 10 000 Ladespiele an, hat der Bagger seinen Ausleger, den Löffel und die 2 m³ Löffelinhalt 10 000 x 3 m = 30 000 m in die Höhe gewuchtet.

Aber eigentlich bringt dieser Umweg fast „viermal über den Mount Everest" gar nichts, denn nur wenige Minuten später rutscht die ganze Masse beim Kippen wieder nach unten. Sinnloser Energieverbrauch...?

Ja, denn vergleicht man das mit dem Einsatz der DBH-Anhängescraper, wird deutlich, dass die 2 m³ aus unserem Beispiel nach dem Schürfen im Kübel nur höchstens 1 m über den Boden rollen. Die Ladung, jede Tonne, jeder Kubikmeter, wird nur in den Kübel geschürft, nicht aber angehoben.

Für das Schürfen wird die kinetische Energie aus der Eigenbewegung während der Fahrt genutzt. Setzt der Anhängescraper nach relativ schneller Fahrt zum Schürfen an, wird sogar gewissermaßen die (überflüssige) Bremsenergie in Schürfenergie umgesetzt. Das kann kein Bagger!

Neue Perspektiven für das 21. Jahrhundert

So zeichnen sich durch die Kombination der „etwas anderen Bagger" mit Scrapern für den zukünftigen Erd- und Tiefbau wie auch für den Tagebau hochinteressante Perspektiven ab. Keineswegs ist die kontinuierliche Förderung nicht mehr aktuell. Vielmehr laden die neuen Maschinen aber nicht mehr, sondern lösen das Material nur noch.

Passend dazu gibt es bereits eine ganze Reihe neuerer Maschinen, die ganz ohne Förderband auskommen und nur noch den Boden lösen und zerkleinern. Schon seit über einem Jahrzehnt baut die amerikanische Firma Trencor mit dem 95 t wiegenden, 750 PS starken „RoadMiner" eine Art Vorläufer solcher Maschinen, basierend auf einer schwere Grabenfräse für den Graben- und Pipelinebau durch härteste Felsböden.

Entsprechend der Grabenfräse als Basismaschine verfügt der „RoadMiner" über zwei längere Raupenfahrwerke und eine heckseitige Fräswalze für 3,86 m Schnittbreite und bis zu 1,52 m Schnittiefe. Trencor nennt stündliche Förderleistungen von bis zu 800 t. Der Aushub wird nicht über ein Heckladeband, sondern durch ein seitliches Förderband auf den Boden geschüttet.

Ganz ohne Förderband kommen die „Rock Hawg" TRS 1150 und TRS 1475 des US-Herstellers Tesmec aus, „Maschinen, die Fels fressen". Wie der „RoadMiner", so

Fast 100 t Gewicht bringt der „Commander" T1255 von Vermeer auf die Waage. Seine Schneidtrommel fräst 3,7 m breit und bis zu 76 cm tief. Durch ein zum Patent angemeldetes Neigesystem kann die Trommel bis zu fünf Grad in jede Richtung schwenken. Im Hintergrund ist ein Doppelmotoren-Scraper zu erkennen, der das gelöste Material schnell während der Fahrt aufnimmt – und den „Commander" nicht durch Wagenwechsel bei seiner kontinuierlichen Arbeit stört

basiert auch der 110 t schwere „Rock Hawg" TRS 1475 auf einer Grabenfräse für den Felseinsatz. Anstelle des langen Fräsbaumes mit einer Felsfräskette wurde eine je nach Ausführung 3,8 bis 4,1 m breite, hydrostatisch angetriebene Frästrommel mit mächtigen 2,2 m Durchmesser angebaut.

Für den Antrieb des TRS 1475 sorgt ein 600 PS starker Cat-Motor C16. Die Maschine soll auch härteste Felsarten lösen und zerkleinern können und daher bei Arbeiten aller Art, ob auf Baustellen oder im Tagebau, Sprengungen, Reißraupen und Bagger mit Hydraulikhämmern vollständig ersetzen.

Dem gleichen Konzept folgt nun auch Vermeer mit der neuen Baureihe „Commander" T1055 und T1225, vom Hersteller als „Hochleistungs-Flächenfräsen für den Einsatz im Fels" bezeichnet und ebenfalls auf modifizierten Grabenfräsen basierend. Für den Baueinsatz werden die Maschinen auch „Terrain Leveller" genannt.

Auch mit solchen Maschinen können die vom Surface Miner hinterlassenen Schwaden kontinuierlich aufgenommen und verladen werden. Dann würden zwar zwei Maschinen und zwei Fahrer benötigt, trotzdem wäre das Lösen vom Laden getrennt und der Surface Miner könnte ungestört von Wagenwechseln durcharbeiten. „Ozzie's Pipeline Padder" wiegt 48 t und verfüllt sonst dank 400 PS Motorleistung stündlich bis zu 700 m^3 Grabenaushub

Nein, dieses Ungetüm hat keine Schlagseite, es fräst nur eine um 15 Grad geneigte Fläche in den felsigen Boden. Der neue 3000 SM Surface Miner „bringt die 50-jährige Trencor-Tradition nun auch zum Massenaushub auf Felsbaustellen", meint der Hersteller stolz. Die 138 t schwere Maschine wird von einem 1650 PS starken Cat-Motor angetrieben: die Raupen hydrostatisch, die 3,05 m breite Frästrommel durch ein mechanisches Kupplungs-Riemengetriebe der deutschen Firma Desch

Wie der „Rock Hawg" von Tesmec, so wird auch der große „Commander" von einem C16-Motor von Caterpillar mit 600 PS Leistung angetrieben. Die Maschine verfügt über eine hydrostatisch angetriebene Schneidtrommel mit elektronischer Regelung und über hydrostatischen Fahrantrieb.

Ausgehend von robusten, schweren Fels-Grabenfräsen entwickelte die amerikanische Rocksaw Technology Inc. gleich eine aus drei Modellen bestehende Baureihe ähnlicher Maschinen. Die 79 bis 115 t wiegenden Maschinen basieren wie die Felsfräsen auf den Cat-Raupen D9, D10 und D11, haben aber zusätzliche Motoren mit 1250 bis 1800 PS Gesamtleistung. Als Schnittbreiten sind 3,1 und 3,6 m vorgesehen, denn noch wurde anscheinend kein „Rocsaw Mass Miner" gebaut.

Die neueste Ergänzung der Surface Miner-Familien kommt vom US-Hersteller Trencor, obwohl die Typenbezeichnung 3000 SM Surface Miner mit der von Wirtgen identisch ist. Trencor gehört zum amerikanischen Unternehmen Astec Underground und ist für schwere Grabenfräsen und -bagger bekannt.

Mit dem 3000 SM möchte Trencor nun auch bei den immer aktueller werdenden Surface Minern Fuß fassen, obwohl die Bezeichnung nach wie vor etwas irreführend ist: Keineswegs gelangen all diese Maschinen in den Tagebau (englisch surface mining), sondern oft auch auf Baustellen aller Art. So wurde der erste 3000 SM von Trencor bei einer Straßentrassierung in Texas eingesetzt und bewährte sich auch dank einer GPS-Satellitensteuerung von Trimble bestens.

Daß Trencor für den 3000 SM ein Ladeförderband nur als Sonderausrüstung liefert, zeigt, wie sich unsere „etwas anderen Bagger" in den letzten Jahren gewandelt haben: Im Vordergrund steht nur noch das kontinuierliche Lösen des Materials, aber nicht mehr das Verladen.

Zu schwierig sind die Probleme, die sich mit der diskontinuierlichen Lkw- und Muldenkipper-Beladung ergeben, zu gravierend die ständigen Förderunterbrechungen bei jedem Wagenwechsel. Wir kennen die Hürden ja bereits aus dem letzten Kapitel.

Insofern trennen sich hier die Wege: Die Surface Miner sind nur noch begrenzt als „etwas andere Bagger" zu bezeichnen, denn sie werden immer seltener laden, stattdessen aber zunehmend häufiger zum Lösen und Abtragen genutzt werden. Das eigentliche Laden müssen andere Maschinen übernehmen. Vielleicht wird das ja im noch jungen 21. Jahrhundert zur Renaissance der Scraper führen...?

Die Kabine des 13,4 m langen und 4,3 m breiten Trencor 3000 SM ist hydraulisch höhenverstellbar, damit der Fahrer stets beste Sicht auf Fahrwerk, Baustelle und zu bearbeitende Flächen hat. Die Maschine ist mit „SiteVision"-Satellitensteuerung von Trimble ausgestattet, um bei San Antonio in Texas eine Straßentrasse präzise durch felsiges Gelände zu schneiden

Weitere Bücher unseres Verlages

Fordern Sie kostenlos und völlig unverbindlich unseren neuesten Prospekt an mit Büchern über:

- Traktoren
- Baumaschinen
- Lastwagen
- Omnibusse
- Feuerwehren
- Lokomotiven
- Autos
- Motorräder

Podszun-Verlag GmbH
Postfach 1525, D-59918 Brilon
Telefon 02961 / 53213
Fax 02961 / 9639900
verlag.podszun@t-online.de
www.podszun-verlag.de

208 Seiten, fester Einband
ISBN 3-86133-290-6
EUR 34,90

260 Seiten, fester Einband
ISBN 3-86133-247-7
EUR 34,90

200 Seiten, fester Einband
ISBN 3-86133-242-6
EUR 34,90

144 Seiten, fester Einband
ISBN 3-86133-277-9
EUR 19,90

144 Seiten, fester Einband
ISBN 3-86133-286-8
EUR 19,90

278 Seiten, fester Einband
ISBN 3-86133-281-7
EUR 39,90

144 Seiten, fester Einband
ISBN 3-86133-221-3
EUR 19,90

188 Seiten, fester Einband
ISBN 3-86133-327-9
EUR 34,90

200 Seiten, fester Einband
ISBN 3-86133-282-5
EUR 29,90

Die Jahrbücher erscheinen jeweils im Oktober neu

144 Seiten, Leinenbroschur
ISBN 3-86133-365-1
EUR 14,90

144 Seiten, fester Einband
ISBN 3-86133-291-4
EUR 19,90

176 Seiten, fester Einband
ISBN 3-86133-350-3
EUR 29,90